U0048267

文/苦苓　圖/王姿莉

苦苓與瓦幸的魔法森林

增訂新版

The Atayal Girl's Magic Forest

我想為你搭一座橋，
通往不可思議的大自然……

為了可愛的孩子們

在雪霸國家公園服勤的前八年，幾乎沒有遊客一眼認出724號解說員王裕仁，原來是作家苦苓。

可能是遊客根本沒有期待，會在山林裡面碰到這個「公眾人物」，也可能是因為我穿上解說員的制服實在太「帥」了（于美人說這是我生平最帥的造型），無法和苦苓的形象連結，更可能是我戴著本名王裕仁的識別證，大家不疑有他，沒有想太多。

當然外形跟聲音畢竟是熟悉的，因此有人會問：「解說員，你很像一個人。」我回答：「我當然像一個人，不然還像臺灣獼猴嗎？」大家一笑釋然。也有人積極些：「你本人比電視好看。」我回答：「我當然比電視好看，我也比冰箱、冷氣都好看。」大家笑成一片。比較有信心的直接問：「你長得很像苦苓。」我既不是通緝犯，也不用否認到底，回答：「我是啊。」結果對方竟說：「真的嗎？你不要冒充人家。」害我啞然失笑，名聲都已「黑」

掉了的苦苓，還有什麼好冒充的？

最多的是三、四十歲的女生，從小讀我的書長大，猶豫羞怯的確定是我之後，異常興奮的找了一個東西給我簽名，然後更加興奮的拿給自己年紀還小的孩子看：「你看你看，他幫我簽名耶。」孩子看得一臉茫然：「這是什麼？苦茶哦？」

誠如劉克襄所述，我「自我放逐」於山林的八年歲月中，本來是什麼也不留下的，但我既從試用解說員實習一年而成為正式解說員，又持續帶隊、完成任務而成為資深解說員，然後在國家公園培訓新任解說員、原住民解說員或小朋友解說員時，我也順理成章成了講師。

回到「教書」的老本行（我曾經在臺中明道中學執教九年），我最怕的就是講課內容乏味、讓學生覺得無聊，因此使出渾身解數把所要講課的自然生態盡量擬人化、趣味化，大家聽得哈哈大笑之餘，不知不覺就把該知道的東西吸收進去了。說是潛移默化也好，說是融會貫通也罷，總之不管我帶的是遊客或學員，從來沒有聽不懂、聽不下去的，反而津津有味、有問必答，讓我也頗能在這八年中「樂在解說」。

後來有人建議我把這些內容寫下來，作為解說員講習的教材，已經封筆八年的我猶豫了，在櫻花樹下猶豫不決的苦思，結果可愛的小瓦幸正好跑過來：「馬罵你在做什麼？發呆哦。」「什麼發呆？馬罵是作家，作家叫沉思。」「沉思什麼？」「想寫一個故事，不知道怎麼寫？」她的眼睛發亮了：「很簡單，就寫我呀！」

一顆燈泡在我頭上亮了！與其寫成條文式的教材，不如描繪、想像我和瓦幸共遊山林時的所見所談，也就此讓我順帶回到文學之路。

雖然此生已出版過五十幾本書，《苦苓與瓦幸的魔法森林》出版時，我仍像第一次出書般戰戰兢兢，而且興奮緊張，正如這本書的舊版序文〈直到你們回來〉所說，我不知道睽違已久的讀者，是否早已遺忘我、厭棄我、不再理會我了？

隨著書的一刷再刷，隨著每一場新書發表會（或演講），看著排成長龍的簽書人潮，我知道讀者們回來了，讀者們「原諒」我了……有了回頭的老讀者，以及更多的新讀者，我又有資格做一個作者了。對許多人來說，你或許只是剛巧，或一時興起、或姑且一試買了這本《苦苓與瓦幸的魔法森林》，對我而言，卻是生命中一個重要轉捩點。

我得到的安慰不止於此。我在部落格上，收到一位年輕媽媽的信，說她在每晚睡前會念一篇我的文章給孩子聽，孩子很喜歡；我也收到一個國小學生來信說：如果我們的自然課本寫得都像你的書，我一定會更喜歡自然課；也有一對爸媽，由此常帶著孩子到山林裡，拿著我的書一一對照、探索、學習……我想我至少為許多人，架起了通往自然的一道綠色橋樑，這八年，我沒有白活。

就像有一次，我帶隊解說，十幾位遊客可能是同一個家族吧，其中有一位唐氏症的小朋友，他也站在前面默默的聽講，我也不知道他是否聽得懂，反正就照平常一樣，帶大家邊走步道邊解說，大概走到半路的時候，這位安靜的唐寶寶忽然開口了，他說：「好有趣哦。」當時我忍住沒有讓自己的眼淚流下來，心裡想著我的自然解說能讓一位唐寶寶都覺得有趣，我這個解說員應該算是成功的吧！

感謝每一個買過這本書的人，也感謝每一個寫信來糾正其中謬誤的人——自然生態果然「實在」多了，不像政治或兩性話題那麼容易信口開河，一是一，二是二，這本書即使在印到第十刷時，還不斷的在訂正內容。而在這本書問世四年之後，出版社有意推出增訂新版，但我已寫了續集《苦苓的森林祕語》，對自然生態所知僅限於此，又還有什麼可以畫蛇添足的呢？

唯一還有可以「更新」的，就是瓦幸了。瓦幸已經長大了，也離開與我同遊的山林，到城市裡去念書，還抱著有一天走上「星光大道」的夢，「我要跟馬罵一樣，去上電視哦。」不管將來如何，希望她記得和我在山中的這段美好歲月，將來有一天也會知道，有人為她寫過這麼有趣動人的一本書（為了怕她自以為是「明星」而驕傲或困擾，瓦幸的媽媽、雪霸武陵的同仁和我的默契，就是沒讓這個小女孩知道她就是書中的瓦幸），因此我把寫給她的十八封信，節錄一部分收在書裡，算算也有一、兩萬字呢！這樣是否能為已有此書的讀者找到買「增訂新版」的理由呢？至於還沒有這本書（或許你是從圖書館或朋友處借閱）的讀者，就請不要錯過這個難得的機會了，親近自然，由此開始。

還有一件感人的事情不得不提。這本書也出了大陸簡體字版，結果大陸有一位小朋友，親手繪製了五十四張撲克牌，每一張的圖文都擷取自這本書和《苦苓的森林祕語》，他不但把兩本書都看得滾瓜爛熟，還能找出其中的精髓，甚至模擬書中的圖畫和文字，一張張畫成撲克牌……遠隔重洋收到這個禮物時，我又忍不住眼眶含淚了，多麼聰慧可愛的孩子呀！

你也擁有或認識一樣聰慧可愛的孩子嗎？打開《苦苓與瓦幸的魔法森林》和他（她）一起閱讀，將是一段美好生命的起點。祝福你。

目錄

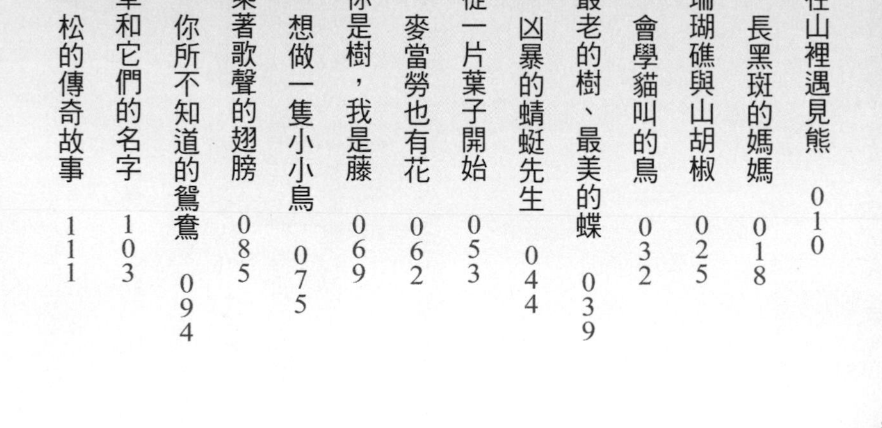

苦苓與瓦幸的魔法森林

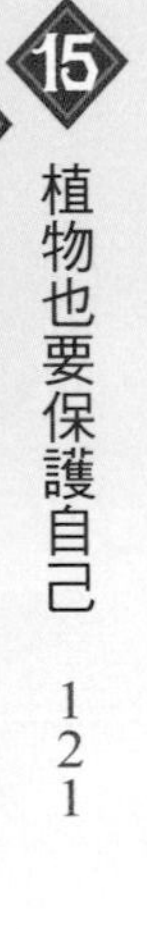

在山裡遇見熊

「如果我們真的碰到黑熊，那怎麼辦？」

「那……只好拚命跑囉！」

「喂，熊的時速可以跑到五十公里，妳跑得過嗎？」

「我不必跑得比黑熊快，只要比你快就行了！」

「你們走這條路，要小心黑熊。」

要進入這條越嶺古道時，路旁做工的人這麼說，我不以為意的笑笑，泰雅小妹妹瓦幸卻樂了：「真的會有黑熊嗎？就是那個胸前有白色V字型的臺灣黑熊嗎？」

「妳知道臺灣黑熊為什麼都有V嗎？」我逗她。

「為什麼？」

「妳看這張照片就知道了。」我把數位相機裡剛剛拍的照片放給她看，一個黑髮大眼的小女孩盈盈的笑著，舉起右手比的正是個V字。

「厚！你說我是黑熊。」她嘟起了嘴巴，一逕往步道深處走去。

越走越昏暗，越走越沉靜，這條路似乎人煙罕至，說不定……真的會有黑熊出現呢！那可怎麼辦好？

「瓦幸，如果我們真的碰到黑熊，那怎麼辦？」

「嗯……我看過一個童話故事，有兩個人碰到黑熊，其中一個人就裝死……那我就裝死好了！」

「可是黑熊最喜歡吃腐肉，妳裝死不就直接被牠吃了？」

「是哦，那我想想看，啊，另外一個是爬到樹上去，爬樹我最厲害了，我就爬到樹上去！」

「可是黑熊也會爬樹啊，妳在電視上沒看過嗎？」

「對耶。」

她俏皮的吐吐舌頭，「那怎麼辦？那……只好拚命跑囉！」

「喂，熊的時速可以跑到五十公里，妳跑得過嗎？」

「哇，比我亞爸（泰雅語：爸爸）載水果的車子還快，我一定跑不過……」小女孩烏黑的大眼睛忽然轉呀轉的，「不管，如果我們碰到黑熊，我還是跑！」

「就跟妳講跑不過黑熊了。」我兩手叉腰，瞪了她一眼。

「我不必跑得比黑熊快，只要比你快就行了！」

「哈哈哈哈！」我哈哈大笑，她說的還真有道理。你不必比黑熊快，只要比同伴快就可以了。

瓦幸也咯咯的笑著，陰鬱的森林裡，迴盪著我們一老一小的笑聲。

「可是我亞爸說，黑熊不會吃我們的，我們又不是牠的菜。」

「對啊，其實熊說不定還更怕人呢，因為熊吃人還沒有人吃熊來得多，除非妳剛好碰到帶著小熊的母熊，媽媽為了保護小孩，就有可能攻擊人類了。」

「嗯，這樣也不是牠的錯，」小女孩咬著下唇，認真的想著，「而且是我們自己跑到牠們家裡來的，我們好像錯比較多，」她擔心的拉拉我的手，「那怎麼辦？」

「不要緊，萬一我們真的碰到熊了，首先就是要把自己的身體變大，因為動物通常不會攻擊比牠自己還大的對手，像非洲那些坐車去看獅子的人，因為車比較大，獅子就不會怎麼樣，可是人如果一離開車子，獅子一看你那麼小，吼！」我做出張牙舞爪的樣子，

熊說不定還更怕人呢，
因為熊吃人還沒有人吃熊來得多，
除非剛好碰到帶著小熊的母熊，
媽媽為了保護小孩，
就有可能攻擊人類了。

「就撲過來了！」

「啊！不要，」瓦幸趕忙蒙上兩眼，又從指縫間偷偷看著我，「那我們要怎樣變大呢？」

「例如說我們有雨衣啊，」我拿出雨衣，伸直兩手把雨衣從身後張開，身體左右搖晃，想像自己是一隻遇見掠食者、不得不張開頸傘的蜥蜴，瓦幸卻被逗得咯咯笑。

「還有還有，我們還可以發出各種奇怪、尖銳的聲音，」我拿出哨子猛吹，瓦幸的反應也快，馬上拉出我背包裡的水瓶和鐵碗，鏗鏗鏘鏘的敲打起來，刺耳的噪音響徹密林，相信就是最凶猛的巨獸也會逃之夭夭。

「如果既沒有雨衣也沒有哨子，那就只好請馬罵（泰雅語：叔叔）唱歌了，你可以唱那首最厲害的：回憶過去——」

「為什麼？為什麼要我唱歌？」

「因為，因為……」小女孩憋不住了，鼓鼓的雙頰噗嗤一聲笑了出來，「因為那也是奇怪的聲音啊！」

竟然輪到她整我了，我啼笑皆非，但還得把「課」上完，「如果黑熊因為這樣子暫時停了下來，我們再面對著牠慢慢的後退、後退，而且不要忘了拿出相機……」

「什麼？這時候你還有心情幫黑熊拍照，要趕快逃走了啦！」

「瓦幸妳不知道，」我又擺出「專家」的架勢了，「因為國家公園都有把黑熊登記、列管①，就好像你們老師有班上所有小朋友的名字和紀錄一樣，所以如果有人拍到一張黑熊的照片，這隻熊又是他們不認識的，就可以得到十萬元的獎金哦！」

「真的？那麼好？」小女孩瞪大了眼睛問我，其實這也是我聽說的、久遠以前的事了，重點是要讓她知道，人類不應該害怕，而是應該保護包括黑熊的所有生物。

「那還用說？」她好像覺得我小看她了，「我ㄧˇㄚㄍㄧˋ（泰雅語：祖母）說過，我們還沒有來這個山的時候，那些熊啊鹿啊山羊啊，老早就在那裡了。」

是啊，老早就在那裡了，我悄悄握緊小女孩的手，慢慢走進了，不知道還是不是黑熊的故鄉。

寫一封信給瓦幸

親愛的瓦幸：

還記得妳說如果我們在森林裡遇到黑熊，妳一定轉身就跑，雖然跑不過黑熊，但只要跑得比我快就好了嗎？

其實對許多動物，尤其是掠食者來說（掠食者就是吃人家的，獵物就是被人家吃的，安捏懂不懂？），只要看到有動物在跑，牠通常就會直覺的以為是獵物，立刻拔腿追趕。所以小朋友在看到狗時，千萬不要因為害怕而逃跑，因為妳一跑狗就會馬上來追妳，豈不是更可怕？

聰明的妳一定會問：那郵差看到狗並沒有跑，為什麼狗狗卻常會吠他、追他、咬他？那是因為我們人類在害怕的時候，內分泌會產生不同的味道，這個味道很微弱，人是聞不出來的。但是狗的嗅覺是人的五百倍（也有說法到一萬倍），所以牠們可以聞出這種味道，既然知道妳怕牠，牠當然就來兇妳囉！

反過來說，如果妳對狗狗是充滿友善的，牠也聞得出來，像我每次在外面碰到不認識的狗在吠我，我都會蹲下來（和牠一樣高度以示平等），一邊伸出手一邊嘴裡發出嘖嘖聲，絕大多數的狗聞到我的「友善」，都會停止吠叫，搖著尾巴並靠過來聞我的手，甚至躺下來讓我舒服的撫摸……

有一次去斯里蘭卡，因為在公園裡施展這個「絕招」，好幾隻沒有主人的狗被我收服的乖乖的，同行的隊友還懷疑我會巫術呢！

下次碰到陌生的狗狗，妳也不妨試試看。什麼？被咬了怎麼辦？喔，依我的經驗，就是要下山看醫師，打破傷風和狂犬病的針，不會很痛的啦！哈哈。

註①：之後我又想起來，為小女孩補充了下面這則故事：

「國家公園把他們發現的黑熊都植入晶片，方便研究，也可以瞭解牠們的行蹤。有一天發現有一隻黑熊跑到水里鎮的街上了，這怎麼得了？馬上警察、消防隊、義警、義消都出動了，一路追蹤，全面圍捕，卻發現黑熊跑到公車上了，這更怎麼得了？立刻擋住公車，小心翼翼的上了車，沒看到黑熊，卻偵測出有一隻黑熊的晶片在一個人身上！為什麼會這樣呢？當然是因為他殺了一隻黑熊，吃熊肉的時候，把晶片也一起吃下肚子了。這怎麼得了？獵食保育動物是犯法的，於是他被移送法辦，經過一番訴訟程序，結果最後法官卻判他無罪，只因為他在法庭上說了一句話：『法官大人，我不吃牠，牠要吃我的啦！』」

瓦幸聽了哈哈大笑。雖然我一直弄不清楚這是傳聞還是笑話，但我相信就像熊不會無緣無故的攻擊人，一個人也絕不會有膽子單獨去獵殺一頭大黑熊的，也許他真的是「正當防衛」也說不定。

無論如何，當人類以地球的保護者、而不是主宰者自居的時候，確實會讓這個世界變得更加美好，如果有一天牠們連我們的保護也不需要了，那才真的是一個「美麗新世界」吧！

長黑斑的媽媽

「啊，這個葉子生病了。」

「它們不是生病，而是裝病呢。」

「裝病？植物也會裝病？」瓦幸瞪大了黑亮的眼睛，「我有時候不想上學會裝病，難道它們也不想上學？」

「啊，這個葉子生病了。」

泰雅小妹妹瓦幸，指著步道旁的草叢說。

我停下腳步，看見那一叢綠色的葉子，果然每一片都有一塊接近「V」字型的黑斑，有點像是縮小版、且黑白變色的臺灣黑熊胸前的標誌，不由得啞然失笑。

「它們不是生病，而是裝病呢。」

「裝病？植物也會裝病？」瓦幸瞪大了黑亮的眼睛，「我有時候不想上學會裝病，但是都會被媽媽看出來，這些草又為什麼要裝病呢？難道它們也不想上學？」

「不是的。」我輕輕扶著一片草葉，讓黑斑更清楚些，「妳知道嗎？蝴蝶媽媽生蛋的時候，會在每一片草葉上生一顆蛋，而且每一種蝴蝶，挑選來生蛋的植物都不一樣。」

「哦，這樣牠們就不會為了搶生蛋的地方而打架了。」

「所以每一種植物都很重要啊，如果少了一種草，就可能少了一種蝴蝶。」我趁機告訴瓦幸這個觀念，對這麼小的女孩來說，「生物多樣性」的課題未免太沉重了。

「可是為什麼一片草上只生一顆蛋呢？全部生在同一片不是比較省事嗎？」小女孩長長的睫毛一眨一眨，馬上自己想到了答案，「哈哈！我知道了，那一顆蛋孵出來變成小毛蟲之後，就可以吃那一片草，就不會餓肚子了。」

「不錯，但是草也不想被吃啊，所以有些草就會裝病，像這一種上面長著黑斑，看起來不太健康、也不好吃，蝴蝶媽媽飛啊飛的……」

「一看，哼，這是生病的草，我才不會讓我的小孩吃它呢，就飛去找別的、看起來健康的草下蛋，那這種裝病的草就不會被毛毛蟲吃掉了，哈哈哈！」②瓦幸拍掌大笑，悅耳的銀鈴聲響徹山林。

我停下腳步，看見那一叢綠色的葉子，
果然每一片都有一塊接近「V」字型的黑斑，
有點像是縮小版、且黑白變色的臺灣黑熊胸前的標誌，
不由得啞然失笑。

「所以妳看這個草，上面好像被火炭燙傷似的，大家就叫它：火炭母草。」

「嗯，真是個偉大的母親，為了保護孩子，連自己臉上有黑斑都不在乎呢。」小女孩忽然變得一臉嚴肅，反而讓我想笑了。

「這裡還有一個裝病的，妳看。」我指給瓦幸看路邊另一種長得比較高的，葉子上滿布紅色斑點的植物。

「哇！這個不是長黑斑，是長了很多雀斑。」

「這個叫做虎杖。老虎的虎，枴杖的杖。」

「老虎幹嘛要拿枴杖？牠腳受傷了呀？」瓦幸裝著腳一跛一跛的樣子，不像老虎，倒像一隻小貓。

「妳看它葉子上的斑點是不是像老虎皮？它的莖長長的、又一節一節，是不是像枴杖？所以叫做虎杖。」

「所以它和火炭母草一樣都是裝病家族的？」

「沒錯，而且它們另外有名字，一個叫川七，一個叫土川七，也算是親戚吧。」

「那這樣……我們剛剛看到森林裡有很多沒裝病的葉子，被蟲咬的一個洞一個洞的，看起來雖然有點可怕，可是也就是說這裡有很多蝴蝶的幼蟲……」

「沒錯！春天的時候，步道兩邊就會飛滿了各種美麗的蝴蝶。」我閉上眼想像群蝶飛舞的情景，又想起了該趁機多學幾句泰雅語。

「泰雅語的蝴蝶怎麼說？」

「北賴。」

「北賴，那剛才那個火炭母草又怎麼說？」

「我們叫卡蓋拉喇貢。」

「卡蓋拉喇貢，好難唸哦，」我笨笨的學舌，雖然國、臺、客語都難不倒我，卻始終學不好泰雅語，「是什麼意思呢？瓦幸知道嗎？」

她黑白分明的兩眼滴溜溜的轉，「我好像聽亞爸說過，意思是：藍腹鷴（音ㄒㄧㄢˊ）的腳。」

「嗯，火炭母草的莖紅紅的，還真像藍腹鷴的腳呢。」

我想起在太平山三疊瀑布步道上，雨中遇見的藍腹鷴，就那樣靜靜佇立著，灰暗的羽毛下一雙紅紅的長腳特別醒目。

瓦幸忽然摘下一束火炭母草，就吸啜起它紅色的莖來。

「喂！不行，那個不可以吃！」我焦急的說，其實自己也不確定，但總覺得野生植物不是可以放心的食物。

「放心啦馬罵，亞爸教過我，他以前當嚮導帶人去爬山的時候，如果沒有水喝，就可以拔這些草來吸，吶，你試試看。」

這倒喚起了我在國家公園課堂上的回憶，似乎有這樣的印象：接過一枝火炭母草用力一吸，酸酸澀澀的，但確實有不少水分。

「哇！酸死了！簡直比……」

「比什麼？」瓦幸轉頭好奇的問我。

「比瓦幸家種的水蜜桃還要酸。」

「亂講！我家的水蜜桃是全部落最甜的。」

瓦幸發現被我捉弄了，揮舞著小拳頭要打我，我哈哈笑著往山林深處跑去，她也飛快追了上來，腳邊掠過一簇又一簇的，長年有著黑斑和紅腳的火炭母草。

註②：植物裝病是簡易的說法，過幾年小女孩長大了，我或許會告訴她：「這種草也許原來是沒有黑斑的，偶然間有一株長了黑斑，蝴蝶以為它生病了就沒有來下蛋，它也就沒有被吃掉，而且活了下來。沒有黑斑的草一直被吃掉，有黑斑的卻越長越多，到最後最後……可能是經過好幾萬年，甚至好幾萬個萬年，世界上就只剩下有黑斑的火炭母草了。其實不只是它，還有好多植物都有不同的裝病方法，以後妳慢慢就會知道了。」

到那時候，聰明伶俐的瓦幸，是否會開始理解什麼叫做「演化」了呢？

珊瑚礁與山胡椒

「真的有珊瑚礁嗎？」她皺起了小小圓圓的鼻子。

我往上一指，是一棵掛滿了黃色花苞的樹，在陽光下像一顆顆閃亮的小金球。

「看什麼啦，那是馬告嘛！」

「我們來玩一個遊戲吧！」

「遊戲？好啊好啊。」

其實我是看泰雅小妹妹瓦幸的腳步越來越沉重，一定是因為漫長的山林步道，讓她覺得有點煩悶、無聊了。畢竟我認識的樹木花草有限，而沿路也沒有太多鳥類和小動物出現，彷彿永無止境的行走，對一個小女生而言確實不免乏味，那就得動腦筋逗逗她。

「我們來找珊瑚礁，誰先找到的可以……」

「踢人家的屁股，嘻嘻。」她笑著往步道兩邊的草叢去了，很認真的東張西望，撥撥弄弄，卻什麼也沒發現；又換了幾個地方，甚至還蹲下去細看，仍然是什麼也沒找著。

「真的有珊瑚礁嗎？」她皺起了小小圓圓的鼻子。

「對啊！海邊才有珊瑚礁，山裡怎麼會有？」我故意這麼說。

「誰說沒有？我們有一次去旅行，在墾丁的山裡面就看到過，你不知道嗎？有的山是從海裡面升上來的，不但有珊瑚礁，還有螃蟹、烏龜……」

「好了好了，我知道妳是生態小博士好嗎？」我趕忙哄她，「可是妳在這裡就找不到珊瑚礁，對不對？」

「那你也找不到呀！」她又嘟起了小嘴。

「誰說的？妳看！」我往上一指，是一棵掛滿了黃色花苞的樹，在陽光下像一顆顆閃亮的小金球。

「看什麼啦，那是馬告嘛！」

「對啊，馬告就是山胡椒，我要妳找的是山上的山胡椒，不是海裡的珊瑚礁。」

「不行，你賴皮，不算你贏，不可以踢我屁股。」

「我怎麼捨得踢妳？」我輕輕搓揉一朵花苞，把兩手放在瓦幸面前，「來，請妳聞。」

「嗯，好香哦，真的很像胡椒的味道耶！」

「不只是花，它的葉子和果子，都有一樣的香味哦。」

「我知道，我亞訝（泰雅語：媽媽）會用它的果子煮馬告雞湯，還有馬告豬腳，好好吃哦！」

山胡椒不只美味，聽說還有健身、美顏等功效，由於採集不易，還曾經有部落為了爭奪而起衝突；而以馬告之名要成立的馬告國家公園，也因無法取得部落的共識而胎死腹中……這些恐怕都不是小小年紀的瓦幸能理解的。

「咦？我記得我們部落的尤勞，就是在山下做廚師那個，不是送過你一整罐馬告嗎？」小女孩忽然想起來了。

「對啊，那時候我的眼淚都流下來了。」

「為什麼？」她好奇的看著我，「太感動了？」

「不是。」我故作一臉頹喪，「太晚了，因為我的身體已經強健不起來了。」

「哈哈哈！」瓦幸開心的笑了，又在林道上奔跑起來，彷彿已經忘卻了先前的無聊。

「我們泰雅很厲害耶。」她忽然風一般的跑回來，「有的馬罵只要帶一把刀，就可以自己在山裡過很久。」

「真的厚，有刀子就可以打獵，可是他怎麼生火煮東西呢？」

「松樹啊！」瓦幸指著路旁的二葉松樹幹，「你看它的皮那麼油，一點就著了。」

「那煮東西不是要放鹽嗎？」

「有啊！有一種很像漆樹的，果子裡就有鹽，叫做什麼……什麼鹽青的……」

「妳說的是山鹽青啊，那如果再找到山胡椒，不就可以煮很棒的食物了嗎？」我大力稱讚她，小女孩也得意的抬高了頭，走不到幾步，卻又低下頭來。

「怎麼啦？我們在說泰雅很棒，妳為什麼不開心？」

「我是覺得泰雅很棒，可是有時候在亞大（泰雅語：阿姨）店裡會聽到人家說，原住民很懶惰、不愛工作，不會賺錢也不懂得儲蓄，好像我們是很差勁的一種人。馬罵，泰雅真的很差嗎？」

這下可不能嘻嘻哈哈了，我停下腳步，和小女孩在一截枯木上對坐下來。我深深的注視她黑亮的大眼睛，「每個人都是在自己的地方比較厲害，像我上次跟妳亞爸去爬山，我只背了一個小背包，他背的東西大概比頭還高吧，我穿的是很貴的登山鞋，他穿的是雨鞋，結果我回頭問他說：『你們走得很習慣了哦？』妳知道他怎麼說嗎？他說：『不習慣，你走太慢了啦！』」

「對啊對啊，我亞爸在山上好像在飛一樣，那你後來有走到嗎？」

「有啊，我喘得要命、累得半死才走到山屋，他早就搭好營帳，煮好晚餐，在小溪裡面游泳了。」

「所以在山裡面，是我們泰雅比較厲害。」

「對，可是現在你們要到山下，在城市裡生活，大家一定不習慣要每天工作，因為從

山胡椒不只美味，聽說還有健身、美顏等等功效，
由於採集不易，還曾經有部落為了爭奪而起衝突。

前，山就是你們的寶庫，要吃什麼到山裡面去捉就好了，而且也不會貪心，打到一隻水鹿就回來了，為什麼？」

「因為他只背得動一隻啊，傻瓜。」她咯咯的笑著。

「對，而且打回來之後，不是自己躲在屋裡吃，是整個部落一起分享。對不對？」

「嗯，我聽尤大史（泰雅語：祖父）說過。那你的意思是說，因為有山的寶庫，大家又可以分享，所以我們泰雅不會拚命的工作，也不想要很多東西，更不懂得要存很多錢……這些是你們比較厲害，並不是我們比較不好對不對？」

「沒錯，像我在山裡面就不習慣，就像你們在都市裡不習慣一樣，沒有誰好不好。妳想想看，如果現在所有的人都住在山裡面，那你們會不會每天笑我們？」

「不會啊，亞訝有說過，如果人家不如我們，就要教他、幫助他，不可以笑他，不然祖靈會生氣的。」

「所以那些批評你們的人是不對的，他們不懂事，我的小公主可以原諒他們嗎？」我拱起雙手，做求饒狀。

「好吧。如果是你們不對，那你讓我踢一下屁股，我就原諒你們全部的人。」瓦幸還真的一腳踢來，幸虧我逃得快，一下子撞上了身旁的山胡椒樹，在紛紛落下的黃色花苞中，又聞到了那股濃烈辛香的味道……

寫一封信給瓦幸

親愛的瓦幸：

記得我們曾經討論過：每一種人都是在自己熟悉的地方比較厲害，在陌生的地方就比較弱。所以在平地，原住民可能有些格格不入；但若在山上，那我們這些平地人就都成為「肉腳」了。

在美國曾經發生一件有趣的事：有一個原住民青少年偷了人家的東西，被送到法院去審判，雖然辯護律師用盡了各種手段，仍然沒有辦法讓他免於牢獄之災。就在陪審團通過這名青少年有罪、法官準備宣判刑期時，這個律師急中生智，要求用當地的原住民法律來審判！

原來美國為了尊重各地的原住民，都設有「原住民自治法」，犯了法的原住民可以從美國一般法律和原住民法之中，選一個來接受審判。這下子法官不得不接受了，於是找了兩位同一族的原住民長老來，問看看竊盜罪要怎麼懲罰。

結果一問之下，這一族的原住民如果偷東西，就要罰他一個人除了一把刀什麼都不能帶，到深山裡去生活一個星期，一星期後他如果吃盡苦頭的回來，就算是懲罰過了——對，但他如果沒有回來呢？妳一定會問這個問題吧！他如果沒有回來，那就是上天給他的終極處罰了。

「聰明反被聰明誤」的律師，這時候後悔也來不及了，早知道讓他的當事人（就是那名青少年）去坐牢也許還安全一點！但一切都太遲了，這名青少年只好帶著一把刀，一步一步的走向深山裡……至於他有沒有回來，哈，妳自己「孤狗」一下就知道了！

會學貓叫的鳥

「馬罵，好像有貓耶。」

「那不是貓叫，是鳥叫。」我很有把握的說。

「就是牠，牠叫紅嘴黑鵯，會學貓叫的小鳥。」

「喵～～」在密林深處，忽然傳來微細的、很像貓叫的聲音，但貓怎麼會跑到如此遠離塵囂的地方來呢？泰雅小妹妹瓦幸一臉疑惑，瞇著眼睛四處尋覓。

「馬罵，好像有貓耶。」

「是嘛？」貓叫聲斷斷續續，微弱的聲音像是走失的小貓咪在找媽媽，難怪小女孩也為牠著急，「那不是貓叫，是鳥叫。」我很有把握的說。

「又在騙我了！鳥怎麼會學貓的叫聲？」

「怎麼不會？我問妳，上次我們是不是在山壁邊找到會學鳥叫的青蛙，叫什麼名字還記得嗎？」

「我知道！是斯文豪氏……赤蛙，牠那樣啾——的一聲真的很像鳥叫。哦，那這個貓叫真的是鳥……」

我拿出望遠鏡搜尋了一下，再遞給瓦幸，讓她看赤楊樹枝上，一隻頭頂羽毛蓬鬆（有點像龐克）、嘴喙豔紅色、全身烏黑，正在一聲一聲叫著的小鳥。

「就是牠，牠叫紅嘴黑鵯（音ㄅㄟ），會學貓叫的小鳥。」

「真厲害！」小女孩放下望遠鏡，嘖嘖讚嘆，「那如果本來有隻貓要抓牠，聽牠喵的叫一聲，心想奇怪怎麼會有另一隻貓，動作一慢下來，牠就有機會……倏的逃走了！」她還伸開雙手學著小鳥飛翔的樣子，在步道上跑來跑去。

「所以這告訴我們，第二外國語是很重要的。」我故作嚴肅的說，「有時候說不定還可以保命呢。」

「好啦！我知道你要我好好學英文啦，又是機會教育，真拿你們大人沒辦法。」她雙手叉腰，一臉的無奈。

不久之後，我們來到一條溪邊，卻看見有十幾隻紅嘴黑鵯在樹上樹下不斷的飛來飛去，而且用尖銳的聲音叫著：「雞尾酒！雞尾酒！雞尾酒酒雞尾酒！」

「咦？牠們的聲音變了？」

「是呀！其實這種鳥很喜歡一大群在水邊集合，亂飛亂叫的，一邊又喊著雞尾酒雞尾酒，很像在開Party吧？所以我都叫牠們Party Bird，聽得懂嗎？」

「不用考我英文啦！就是愛開轟趴的鳥嘛！」瓦幸抬起了下巴，一臉的得意相，「那換我考你，你知道這種鳥的泰雅名字叫什麼？」

「那……我可不知道了，叫什麼？」

「叫ㄙㄡˇ ㄅㄧˋ，跟我念一遍，ㄙㄡˇ ㄅㄧˋ。好，小朋友，不，是老朋友好乖。」瓦幸又調皮了，「那你知道這隻鳥是我們泰雅的大恩人嗎？」✉

「真的？我倒沒聽說過，親愛的瓦幸老師，妳教教我嘛！」我打躬作揖，小女孩可得意了。

「就是以前啊，很久很久以前，有一次大洪水的時候，我們族人原來的火種都被沖走了、弄溼了，那沒有火種怎麼煮東西吃呢？只有一個被大水包圍的山頭上還有火種在燒著，但是族人都沒有辦法游泳過去拿火種，這時候有一隻青蛙就自告奮勇游過去，用嘴巴幫他們含了一個火種過來，可是那個火種實在太燙了，青蛙的嘴巴被燙得一開一闔的……」

「是不是像這樣？」我模仿青蛙鼓起雙頰，一張一闔，把瓦幸逗得咯咯笑。

「你學得好像哦！結果火種就掉到水裡，沒拿到，大家好失望哦！還好又有一隻黑色的小鳥，很勇敢的飛過大水，嘴裡咬著火種飛回來，那個火種把牠頭上的毛都燒焦了，嘴巴也燙紅了，但是牠還是忍耐著把火種帶回來，救了大家。」

「所以這隻頭髮蓬蓬的、嘴巴紅紅的小黑鳥，就變成你們泰雅族的大恩人了。」我為小女孩的故事鼓起掌來，「我怎麼從來沒聽妳說過這個故事呀？」

「我也是很久以前聽亞訝說的，都快忘記了，剛剛看到牠的蓬頭和紅嘴，才又想起來的。」

我牽著小女孩的手跨過溪澗，一小群的紅嘴黑鵯還在七嘴八舌，我知道牠們還會發出其他好多種叫聲。會模仿各種聲音的鳥兒可多了，但我現在心裡想的是：這麼優美的泰雅神話，能不能在像瓦幸這樣的小女孩身上，一代一代的流傳下去……

那火種把牠頭上的毛都燒焦了，嘴巴也燙紅了，
但牠還是忍耐著把火種帶回來，救了大家。

親愛的瓦幸：

認識妳以來，我一直覺得很慚愧的是：沒有學會妳的語言。

雖然國語、閩南語和客家話我都會講，但一樣是「臺灣話」的原住民話，我卻一句也不會，尤其是我所在的雪霸地區最主要的泰雅族使用的泰雅語，我也沒學會幾句，說起來真的很慚愧。

雖然一樣是泰雅族的泰雅語，每一個地區又都不太相同。例如新竹清泉與臺中梨山的，例如新北烏來與苗栗雪見的，有些字的發音都不太一樣——當然這不是我不會講泰雅語的藉口，而是要跟妳報告我的大發現：泰雅語沒有髒話！

就像日本話一樣，最嚴重就是罵人家「馬鹿」（傻瓜之意，但傻的不知是馬還是鹿），絕不會講到性器官或「問候」人家的長輩——在這方面，「臺灣話」的國、閩、客語可都是專長！

妳也可以想一下，妳說的泰雅語裡是不是也沒有髒話？這真是一種不可多得的、整個部族的「美德」呢！我曾經問過長老：難道妳們都不罵人嗎？他說會啊，例如女孩子如果濃妝艷抹，會被說是「ㄙㄟˇㄅㄧˋ」，也就是紅嘴黑鵯，牠的嘴巴不是紅紅的嗎？就像塗了口紅的女生似的，好像也不算太嚴重的指責。

又例如罵男生「賭魯賭貢」，就是形容松鼠在樹上探頭探腦的樣子，意思是說這個小孩到處跑來跑去，沒有一點定性，有點像閩南話的「猴囝仔」的意思，罵得也不兇啊！

其實泰雅人都是很和氣的，就算妳被他惹生氣了，他也會笑笑說：「別生氣啦，我回去種竹子。」我生氣你種竹子幹嘛？「等竹筍長出來，我再請妳吃啊！」等到那時候，氣應該早就消了吧？

生氣就是「傷害別人，懲罰自己」，記得，要爭氣，別生氣喔！

最老的樹、最美的蝶

「如果地球上一棵臺灣櫸樹都沒有了，寬尾鳳蝶是不是也就一隻都沒有了？」

「對呀對呀，這麼美麗的樹如果沒有就太可惜了，這麼美麗的蝴蝶如果沒有也太可惜了。」

走過觀霧山莊的餐廳前，泰雅小妹妹瓦幸忽然尖聲大叫：「哇！好大的樹哦！好美的花哦！你看。」

順著她小小的指頭看過去，兩棵大樹左右挺立，右邊的猶是枯枝，但我知道那是不久就會開滿一樹白花的霧社櫻。而左邊的同樣約有幾層樓高，枝葉茂盛向天空呈現輻射狀伸展，開滿了一樹金黃色濃密花朵的，就是今天的主角了。

「嗯，好大的樹，好美的花，好……老的傢伙。」我不由自主的讚嘆著。

「什麼老傢伙？你才是老傢伙！」瓦幸瞪了我一眼，自覺失言又吐了吐舌頭。

「真的呀，妳不是見過很多很大的檜木嗎，像在鎮西堡、在拉拉山，它們幾歲了？」

「好幾百歲，有的一千、也有兩千歲的，那才是老……不對，是老前輩，跟你一樣。」

小丫頭舌頭轉得跟腦筋一樣快，我一笑釋懷。

「可是這棵樹有多久了妳知道嗎？」

「多老？一千？兩千？難道它有三千歲？」

「告訴妳，它叫臺灣檫樹，已經有一萬年了。」

「什麼？一萬歲……」她的嘴巴張得快掉下來了，「不會吧？不像耶，為什麼樹會活那麼久？」

「不是它自己活了一萬年，是地球上有這種樹，已經一萬年了。」

「嘿，又騙我，又不是它自己活一萬年，一萬年前就有這種樹有什麼了不起？」瓦幸又擺出一副被我騙了的無辜樣子。

「話不是這麼說，妳知道不管動物或植物，要一直活下去，而且一代傳一代都是不容易的事，所以有些舊品種的消失了，有些新品種的出現了，有些又會變成別的樣子，可是這個臺灣檫樹，它在一萬前年就是這個樣子，現在還是這個樣子，能平平安安活這麼久，不容易吧？」

「嗯，」她點點頭，故作小大人的沉思狀，「好像有這麼一點道理，不過，就一點點啦。」

「如果我們想要看到一萬年前的東西，不管是動物或植物，大概都要從地底下挖出它

我閉上雙眼，

想像那蝶兒在金黃色的花朵上

翩翩飛舞的樣子。

們的化石才看得到，而且可能還是不完整的，哪像臺灣檫樹這樣活得好好的……」

「我知道了！」小女孩的兩眼又發亮了，「叫做活化石！就跟那個櫻、花、鉤、吻、鮭一樣。」她把這五個字說得特別慢，是因為她老是弄錯順序，不是叫成「櫻鉤花吻鮭」就是「花鉤櫻吻鮭」。

「所以妳看它一代一代傳這麼久不容易吧？不過也因為年紀大了，身體比較差，需要特別保護……」

「跟你一樣，爬山就爬山，還要戴什麼護膝，我都不用！」她又取笑我了，每次看見小女孩矯捷的身影在高高低低的山徑上飛奔，我的確是有點感慨。

「妳聽我說嘛，所以有一個臺灣檫樹保護區，就在這條馬達拉溪車道上。」我指著遠處一條泥濘崎嶇的道路，「我們要好好保護這些樹，它們也是國寶呢！」

瓦幸一邊仰望開滿黃花的大樹，一邊慢慢往前走，忽然又有了問題：「我們保護它，就因為它老嗎？」

這問題不簡單，這下我可得認真點了，我讓瓦幸坐在臺階上，慢慢跟她說，「妳記得我說過嗎？每一種蝴蝶，都會在不同植物的葉子上下蛋。」

「有啊！」她也認真的點點頭，「每個人，呃，每種蝴蝶的幼蟲吃不一樣的食物，大家就都有得吃了。」

「那專門在臺灣檫樹的葉子上生蛋的，就叫寬尾鳳蝶，你們泰雅叫牠……我想想看，好像是馬拉侯（MARAHO）。」

「馬拉侯，那是頭目的意思，哇！那一定是最漂亮的蝴蝶了，你有見過嗎？」

「沒有，見過的人很少很少，所以也有人叫牠：夢幻蝶。」我閉上雙眼，想像那蝶兒在金黃色的花朵上翩翩飛舞的樣子，「牠大概就像妳看過的鳳蝶，黑色的大大隻，翅膀上好像有兩條紅色的小溪流過……」

「嗯，聽起來就很美，改天你要找寬尾鳳蝶的照片給我看，不可以忘記哦！來，勾勾手。」她的小指頭勾起我的，剛綻開的笑容忽然又收了起來，「你剛剛說，很少人看過，是不是牠們已經很少了？」

「對啊，因為臺灣檫樹那麼少，寬尾鳳蝶當然也就很少了，所以妳想想看，如果地球上一棵臺灣檫樹都沒有了，沒有地方生蛋的寬尾鳳蝶，是不是也就一隻都沒有了？」

「對呀對呀，這麼美麗的樹如果沒有就太可惜了，這麼美麗的蝴蝶如果沒有也太可惜了。」小女孩的表情忽然變的堅毅起來，緊抿下唇，兩眼發亮，「應該說，地球上不管什麼生物如果沒有都太可惜了。」

「嗯，瓦幸說得真好。」我忍不住拍拍她紅通通的臉頰，抬頭看見一朵黃花正輕輕的、悄悄的飄落在小女孩烏黑的頭髮上。

凶暴的蜻蜓先生

「蜻蜓老公可是很凶的傢伙。」

「是嗎？牠會打老婆哦？」

「倒不是。」我暗忖，好像除了人類，還沒有哪種動物會毆打交配對象的……

溪谷裡，流水潺潺經過錯落的石塊，清晰透明看得見側身一條黑線的「一枝花」馬口魚、一節黑一節白的石賓，大一點的則是斑斑點點、翻著白肚子閃現銀光的苦花。但更引人注目的是駐留在石頭上一隻隻散開，身體卻不約而同朝著同個方向的小小直升機。

「哇！你看，好多蜻蜓哦！」泰雅小妹妹瓦幸仍然對任何新奇的景物充滿興趣，尤其在豐富的大自然裡驚喜不斷，難怪她臉上老是充滿歡笑。

「那不是蜻蜓，而是牠們的表親，叫做豆娘。」

「豆娘？可是看起來跟蜻蜓長得很像啊。」

「沒錯，因為是一家人啊，妳和妳表妹比似不是也長得很像嗎？」

「但是人家一看就分得出來表妹和我，這個豆娘長得和蜻蜓一模一樣，你怎麼知道牠就是豆娘不是蜻蜓？」又來了，她就是有一種「我不會隨隨便便相信你」的精神，這是都市裡的乖小孩不會有的特性。

「很簡單啊，妳看，停止不動的時候，翅膀向兩邊張開的，喏，像那隻。」我指著草叢裡一對有脈紋的、透明的翅翼，「那是蜻蜓。」

隨著我的手勢看過去，溪上一雙雙閃著金屬藍光的翅翼，「石頭上的那些，停下來的時候翅膀合起來的，就是豆娘啦。」

「哦！這麼簡單，那我也會分了。」

「不只這個不同，不過這是最簡單的分辨方式。」我看著小女孩著迷地注視著這群豆娘的樣子，忍不住又想考她：「那妳有沒有發現，牠們統統向著同一個方向？」

「對厚！為什麼會這樣？牠們有頭目在指揮嗎？」

「沒有耶，妳再想看看是為什麼？」

瓦幸左看右看，又更靠近一點，豆娘驚飛起來，不久之後落下，仍然四散的、頭尾一致的朝著溪流的方向。

她又看又想，足足靜默了好幾分鐘，只聽得到竹林裡風吹的沙沙聲，和溪水清淺流過的聲音，「我知道了！」

我被突如其來的聲音嚇了一跳，差點一屁股跌坐在竹橋上，「好啦！別那麼大聲，把豆娘都嚇跑了！知道什麼？」

「因為風嘛。」她指著溪水上游，「風是這樣吹過來的，牠們如果不順著風的方向停著，一定會被吹得東倒西歪的，原來牠們沒有頭目，風就是牠們的頭目。」

我打從心裡稱許她，不像我在學校教過的那些小孩，一不知道就立刻去查標準答案，知道答案了也不會去思考懷疑，只會背起來，考試時寫出來……

「瓦幸真棒！為了獎勵妳，我來講蜻蜓，包括豆娘也是一樣，蜻蜓老公可是很凶的傢伙。」

「是嗎？牠會打老婆哦？」

「那倒不是。」我心中暗忖，好像除了人類，還沒有哪種動物會毆打交配對象的，「妳看過兩隻蜻蜓在一起……飛的樣子嗎？」

「有哦，我看得很清楚。」小女孩的眼睛瞪得更大了，每當她很認真時就是如此，「公的蜻蜓會用尾巴捉住母蜻蜓的，大概像脖子後面這邊吧，」她摸著自己的後頸，用力形容，「母的被抓了一下子之後，就會把尾巴彎上來，跟公的身體碰在一起，好像……」她的臉色一亮，「好像一個心的形狀哦！好好玩！」

「那妳知道牠們在幹嘛嗎？」

她露出一臉「拜託哦，你當我是傻瓜嗎」的表情，「當然是結婚啊，不然是在摔角哦？」

我笑得差點岔了氣，「對、對、是結婚，不過昆蟲我們叫交配，或是交尾，那妳覺得牠們開不開心呢？」

「應該很開心吧？記得我亞大結婚的時候，大家都在笑，新郎也笑，我亞大也笑。」

「蜻蜓就不一定了，因為啊，蜻蜓飛來飛去的，蜻蜓老公雖然找到願意跟牠交……結婚的太太，對了，妳知道蜻蜓小姐怎麼樣選擇她的對象嗎？」

「嗯，如果像鳥那樣比顏色，蜻蜓好像都不是很鮮豔；像蟬那樣比叫聲，蜻蜓也不會叫；比體力嘛，也沒看過蜻蜓飛行大賽；那蜻蜓比什麼？捉蟲給人家吃？」

「不是，因為蜻蜓小姐，呃，蜻蜓太太要把蛋生在流得比較急的水裡，這樣水裡有比較多的空氣讓小蜻蜓可以順利孵出來，所以蜻蜓先生要想辦法占一塊地盤，水又乾淨又流得急的，如果蜻蜓小姐過來檢查合格，就可以舉行妳說的，一個心形的結婚典禮了。」

「那很好啊，你為什麼說蜻蜓老公很凶？」

「因為呀，」我趕快拾回剛才的話題，「公蜻蜓雖然和母蜻蜓交配了，卻不知道母蜻

公蜻蜓會用尾巴捉住母蜻蜓，
母的被抓了之後，就會把尾巴彎上來，
跟公的身體碰在一起，好像一個心的形狀。

蜓之前有沒有和別的公蜻蜓交配過，那如果忙了半天，娶回來的老婆在自己辛苦占到的家裡，生下的卻是別人的小孩，不是很冤枉嗎？」

「也對。」小女孩低頭想了一下，「那怎麼辦？」

「所以公蜻蜓牠的那個……尾巴的那個……男生的……」一向口才還算流利的我卻變得結結巴巴了。

「生殖器啦！」瓦幸又瞪了我一眼，一副「你不知道課本上有教過這幾個字嗎」的不耐煩表情。

「對，生殖器，所以公蜻蜓的生殖器長得像個鏟子一樣，牠在交配前會先把母蜻蜓的生殖器裡面，別的公蜻蜓留下來的，精，子。」我深吸了一口氣，故作鎮定，「先挖得乾乾淨淨的，才會開始交配，這樣就可以確保母蜻蜓生下來的，是牠自己的小孩。」

「用鏟子在人家身上挖？那不痛死了！公蜻蜓果然是很凶的傢伙。」小女孩本來還一臉嫌惡，忽然又露出詭譎的笑容，「嘿嘿，不過牠也是很笨的傢伙。」

「哦？為什麼？」

「牠會用鏟子挖掉人家的，後來的也會用鏟子挖掉牠的，那還不是一樣？那麼凶有什麼用？」

「所以啊，有的公蜻蜓會在交配完後，還一直抓著母蜻蜓的後背不放，一直到母蜻蜓

在水裡下完蛋才放開。」

「有有，這我也有看過，有時候還抓很久哦，兩個人飛來飛去，我還以為牠們是依依不捨呢。」

「嘿，妳看過的還真不少。」為了不讓她太自滿，我還是少說了一句話「妳懂的還真不少」，但我由衷相信，在大自然裡生活、成長的孩子，他們的世界一定更加繽紛多彩。

寫一封信給瓦幸

親愛的瓦幸：

我最近得到了一個很棒的禮物，急著跟妳分享：

還記得幫《苦苓與瓦幸的魔法森林》畫插圖的王姿莉姐姐嗎？她把那張蜻蜓交配、變成心形的插畫原稿，裱框送給了我，現在就掛在我的新居裡。哼，妳一定會說畫是送給我的，妳要怎麼分享？而且，明明就是炫耀嘛。

好啦，下次我再碰到她，就請她把有畫妳的那張，也送給妳好不好？

我想跟妳說的是，很多人聽了蜻蜓交配的故事，都覺得很「殘忍」，其實這是大自然有時候不得不的手段。像妳在部落裡，應該也看過公狗與母狗交配之後，還屁股對屁股的連在一起，久久不肯分開，看起來是不是也滿……礙眼的？

我小時候在鄉下，也常看到那種畫面，尤其我們男生就會發出各種怪笑、怪叫的聲音，有人拿石頭丟牠們，甚至還有人故意拿熱水去潑牠們、要讓牠們分開。現在想一想，真是不懂事呀！

那時候頑皮的我們哪裡知道：許多動物為了確保能繁衍自己的後代，都會有一些特殊的構造，像公狗的陰莖上，就有一個球狀的部位，當牠和母狗順利交配之後，這個球就會因為充血而變大，正好塞住母狗的陰道，防止公狗剛剛進入的精液流出來……所以我們看見兩隻狗交配完還緊緊黏著不走，其實是大自然的巧妙安排，讓公狗可以確定對方能夠順利生產，而且生下來的，一定是牠的小孩，這樣才能確保牠會有後代啊！

至於我們人類當然不必如此囉！因為我們創建了一夫一妻的家庭制度，而且是由爸爸媽媽一起來撫育小孩，這樣一來，男人更有把握，女人也更有信心，就能夠創造出像妳這樣傑出的小孩啦！

妳不必因為我的稱讚而害羞臉紅，能跟妳這樣坦率大方的討論動物生殖的問題，就證明妳的優秀了，當然，我也不錯哦。

從一片葉子開始

「我們人和動物，都要吃很多東西才會長大，樹只要站在那裡晒太陽，就可以產生醣，也就是養分。」

「哇！那我們人類如果學會樹的這種本領，世界上就不會有餓肚子的人了！」

微風一陣陣的吹過林梢，泰雅小妹妹瓦幸躺在綠油油的草地上，正睜大了黑亮的兩眼往上看，嘴裡彷彿還哼著什麼古老的曲調……

「妳在看什麼？」

「看樹葉啊。」

「樹葉？葉子有什麼好看啊？」我問她，自己卻也躺了下來，和她一起仰望藍天，和藍天之前婆娑的綠葉。

「葉子很好看啊，陽光會透過來，你不覺得很神奇嗎？葉子不是透明的，卻能夠透

光，只有光知道葉子的心事哦。」

我愣愣的看著「不小心」就寫了一句詩的小女孩，她卻一點也不覺得有什麼，反而瞇起了眼睛。「還有葉子上的線啊，一條一條的，像公路一樣，那個叫做……」

「叫葉脈，妳忘了吧？我可教過妳哦。」其實我的語氣裡絲毫沒有責怪的意思，比起到山裡面之後只會嘟著嘴抱怨：「山有什麼好看？」「樹有什麼好看？」「一點都不好玩！」的許多孩子，瓦幸的心靈比他們開闊多了。

「為什麼葉脈要長成那樣呢？」

「因為要輸送水分啊，妳說的那些公路其實就是一條條相連的水管，把水送到大樹的每一個地方。」

「哈，我知道了！」她坐了起來，又露出一臉頑皮樣，「水管不好吃對不對？」

「水管？當然不好吃，妳看過誰吃水管啊？」

「蟲蟲啊，我每次看到蟲蟲咬過的葉子，綠色的部分都不見了，只剩下一條條的葉脈，就是那些水管，可見得水管一定不好吃！」

「傻ㄚ頭！」我輕輕敲她的小腦袋，「水管怎麼會好吃？妳不必吃石頭，也知道石頭不好吃吧？」

小女孩有點掃興，為了她的新「發現」沒有得到我的讚賞，但馬上又想到了新話題：

「那葉子為什麼是綠色的呢？世界上有那麼多顏色，是誰幫它們選這個顏色呀？」

「其實葉子小時候不是綠色的，而是紅色的，妳看……」我爬起來，指給她看一棵榕樹上的新葉。

「對耶，我好像常看到這種嫩嫩的紅葉，那閩南話小孩叫『紅嬰仔』，原來葉子的小孩，也是紅嬰仔啊！」

「哦，瓦幸妳還會說閩南話？不錯哦。」

「嗯，我們泰雅為了跟你們講話，很多人都會說國語、閩南話還有客家話，反而你們都不會講我們泰雅的話。」

瓦幸一番話說得我頗感羞愧，趕快拉回話題。「其實樹葉會綠，是因為它有葉綠素，可以和陽光進行光合作用。這葉子可厲害了！我們人和動物，都要吃很多東西才會長大，樹只要站在那裡晒太陽，就可以產生醣，也就是養分。」

「哇！所以樹都不必去打獵、不必種田、也不必上班賺錢買吃的，就可以長大耶。」小女孩兩眼轉呀轉的，又有了新主意，「那我們人類如果學會樹的這種本領，只要晒太陽就可以長大，世界上就不會有餓肚子的人了！」

「真是好主意！如果誰發明了這種技術，一定可以得諾貝爾獎了，不過……」我轉過頭來，和她大眼瞪小眼，「那每個人的臉，不都變成綠色的了？」

「哈哈！臉都綠了！臉都綠了！」小女孩的銀鈴笑聲響動了山林，但忽然又停了下來，若有所思，「如果樹要有葉綠素才能長大，為什麼有的葉子又會變黃、變紅？」

真是好學、好問又好思考的好學生，這下子我真的得變成「葉」教授了。「其實葉子裡除了葉綠素，還有葉黃素、花青素、胡蘿蔔素……反正很多素就對了，當天氣變冷的時候，陽光也變少了，葉綠素不再能為樹木製造養分，就漸漸消失了，葉子裡的其他素就會讓葉子變黃、變紅，甚至變成焦焦的褐色，也就是咖啡色。」

「我知道什麼是褐色啦！」她小瞪了我一下，「那後來呢？沒有葉綠素給它養分，樹木怎麼活下去呀？」

「再冷的時候、陽光再少的時候，葉子都沒有用了，樹木也沒辦法負擔它們，就會一片一片的掉下來，掉下來的葉子落在土裡，變成了養分供給給樹木，幫它度過寒冬，等到天氣變暖的時候，就會長出新的葉子來啦！」

小女孩忽然不說話了，緊皺著眉頭，眼眶溼溼的。

「怎麼啦？」

「你這樣講，讓我想起了我大哥，他因為我們家裡沒有錢，很小的時候就去城裡工作，幫我亞爸、亞訝賺錢給我們這些弟弟妹妹讀書，他自己就沒有再升學了。馬罵，大哥這樣是不是很像落葉？」

面對忽然變得好傷感的話題，我一時也不知道說什麼好，小女孩繼續說著，聲音越來越小，「我記得大哥要出去工作的那一天，他從家門口一直走，走了很久都還沒有走出部落，很奇怪怎麼走那麼慢……」

我看著身旁飄下的一片葉子，果然不是直直的掉在地上，而是飄呀飄的、轉呀轉的，彷彿依依不捨的離開了母親大樹的懷抱……有著這種心情的樹葉，即使已經落在地上了，任何人也不該去撿拾它吧？

「謝謝大哥！」瓦幸忽然站了起來，小小的身影對著山谷高喊著，「謝謝……」「大哥……」遠遠傳來的回音，相信所有離家的泰雅孩子都聽到了吧？

不知不覺，我的眼眶好像也溼了，真是老了啊。

寫一封信 給瓦幸

親愛的瓦幸：

妳有沒有想像過一種畫面，當有人喊：「吃早餐了！」的時候，大家不是紛紛往餐廳集中，而是陸陸續續走到屋外，抬起頭對著太陽。不久之後，就有人說：「啊！我吃飽了！」、「好好吃喔！」

這不是天馬行空的科幻情節，而是我跟妳提過的，如果人也可以像植物一樣行光合作用，產生所需要的澱粉、蛋白質等，就不必為了每天找吃的而那麼辛苦，這個世界上也不再會有糧食危機，人類一定可以過著比現在好一百倍、一千倍的生活吧？

每次我這樣講，不管是妳聽了或是聽我解說的遊客聽了，都只是哈哈一笑，以為我是在講笑話——動物怎麼可能靠著葉綠素來行光合作用呢？但真的耶，在前年的國家地理雜誌八月號裡，科學家發現了一種叫做海蛞蝓的生物（蛞蝓妳知道，樣子就像沒有帶殼的蝸牛啦，只不過這種生長在海裡），牠在剛出生時便會吃一點海藻，從此就一輩子不再進食，而是利用身上的海藻（有葉綠素）進行光合作用，吸收到牠們需要的養分。

那可是人類文明史上的重大發現！海蛞蝓是動物，但牠卻證明了動物也有可能靠陽光和葉綠素過活的。人也是動物，因此不久的將來人也可能研究出一種技術，把植物的葉綠素移植到自己身上，那就真的只要晒晒太陽就可以填飽肚子，那我的「夢想」就成真了！

妳要不要以這個為目標，努力的讀書，學習、研究、發明……萬一哪一天妳完成了這個「壯舉」，一定可以得到諾貝爾獎的，說不定還一舉囊括諾貝爾的醫學獎、生物獎及和平獎，希望那時候妳去參加盛大的頒獎典禮時，不要忘了在致詞中，感謝臺灣的作家苦苓，我這個給妳最大影響的「啓蒙者」，哈哈！

沒錯，這當然是夢想，但別忘了一句話：「人類因有夢想而偉大。」

我看著身旁飄下的一片葉子，果然不是直直的掉在地上，
而是飄呀飄的、轉呀轉的，
彷彿依依不捨的離開了母親大樹的懷抱⋯⋯

麥當勞也有花

「那你要幫它取什麼名字？」

「我都叫它——麥當勞花。」

「麥當勞花？哈哈哈，哪有叫做漢堡的花？不像不像。」

「好亮哦。」泰雅小妹妹瓦幸忽然用手遮住了眼睛，我環顧四周，森林裡大部分的光線都被濃密的枝葉遮蔽了，也沒有特別的光源照射過來，她為什麼會說好亮？

啊！有了，原來前方的樹林底下，有一片一片的花海，像波浪般的沿著山壁伸展開來。我們不約而同加快腳步，走近這層層疊疊、像星星般燦爛的、五個花瓣的亮黃色花叢，「好漂亮啊，像一顆一顆小星星一樣，一閃一閃亮晶晶……」小女孩高興的歡唱起來，「這花好像一群在玩疊羅漢的小星星哦，它叫什麼名字？」

「嗯，叫黃苑，黃色的黃，苑就是……苑裡的苑。」

她似乎沒有注意在聽，仔細看著花朵的形狀和分布。「這個花是中間一顆圓圓的，外面再伸出五個小舌頭一樣的花瓣③，所以看起來像星星，可是它們雖然層層疊疊的，卻沒有互相擋住，為什麼呢？」

「因為它們的花梗不一樣長啊，妳看。」我示意瓦幸去看這花的花梗，越上部的越短，所以每一朵花都有平等的機會和外界接觸，「那妳知道為什麼要這樣嗎？」

「嗯……」她黑白分明的大眼睛轉呀轉的，「我知道！這樣的話每一朵花都有機會被蜜蜂或蝴蝶碰到，就像每一片葉子都要晒得到太陽一樣。」

「對了，聰明的生態小博士。」我摸摸小女孩的頭，她卻又發問了：「你說它叫什麼名字？黃什麼？」

「黃苑，又叫做林蔭千里光。」

「千里光？好像武俠小說的名字哦。」

「妳剛剛不是說它很亮嗎？在樹蔭下很遠很遠就看到了，好像在一千里外發的光，所以叫林蔭千里光。」

「好好玩！不過……」她的眉頭又皺在一起了，「我覺得植物的名字好難記哦，一下子就忘掉了。」

「沒關係啊，就像妳不認識的人，多碰到幾次就認得了，而且……我們也可以自己幫

它取名字。」

「真的嗎？」這下子她可有興趣了，繞著一大叢黃苑轉呀轉的，像一隻可愛的小蝴蝶，「那你要幫它取什麼名字？」

「我都叫它──麥當勞花。」

「麥當勞花？哈哈哈，哪有叫做漢堡的花？不像不像。」

「不是的，來，我先問妳一個英文單字，Popular，知道是什麼嗎？」

「知道，我們有教，普遍的。」

「好，那麥當勞是不是很Popular？對，那我們黃苑也很Popular哦！第一，是不是幾乎全世界都有麥當勞？那這個黃苑也是到處都有，歐洲、亞洲、中國、日本……世界上除了南極幾乎都有黃苑，是不是很Popular？」

「還有哦，」我看到瓦幸聚精會神的樣子，講得更起勁了，「麥當勞是不是在很多地方都有？不管大城、小鎮，甚至鄉下，那黃苑也是，一般的植物都長在特定的海拔高度，可是黃苑從七百多公尺到三千多公尺的高山上都有，是不是也和麥當勞一樣的Popular？」

「可是麥當勞開的時間很長耶，黃苑有嗎？」

「有啊，一般的植物可能只開花一個月，最多兩、三個月，可是黃苑從六月到十二月，雖然不是全年無休，也足足有半年之久，夠Popular了吧？還有啊，我把黃苑叫做麥當勞花，更主要是因為……」

「我知道！」小女孩高舉右手，好像教室裡搶答的小學生，「因為它的顏色和麥當勞一模一樣嘛！哈哈哈……」

林子裡迴盪著我們一老一少的笑聲，一路上瓦幸開始注意每一處的黃花，一邊嘴裡哼著自己編的曲調：「黃苑……小星星……千里光……麥當勞……一閃一閃亮晶晶，大家都愛吃漢堡……」

「咦？」好奇心又讓她停了下來，「為什麼這棵黃苑沒有硬硬的花梗，是爬在草叢上的藤蔓呢？」

「哦，那是它的表妹，長得很像哦？它是藤蔓嘛，那就叫蔓黃苑。」

「慢黃苑？我還快黃苑咧！對了，它們以後是不是會變成一顆一顆白白、毛毛的，風一吹就忽——的都飛走了？」

「對啊！妳怎麼知道？」小女孩總讓我不斷的驚訝。

「知道啊，你不是說過像這種一瓣一瓣、好像菊花的，最後都會變成毛毛球嗎？」

「對、對、那個叫做……」不等我附和，她又一跳一跳的沿著步道而去，但很快又停了下來。

「那這個呢？這又是誰？」我追了上去，看見和黃苑很像的花，但它不是平鋪開來

的，而是向上發展成一束，如果說黃苑像一大片低矮的平房，它就是一棟高聳的摩天樓，

「它叫什麼名字？」瓦幸拉拉我的手。

「這……一枝黃花……」

「嗯，這一枝黃花叫什名字？」

「……一枝黃花……」

「我問你叫什麼名字啦？幹嘛一直說一枝黃花？」

「它，它的名字就叫一枝黃花。」

「哪有這樣的？哪有花的名字叫一枝黃花的？你又騙人！」雖然我站在她背後，但也可以想見那噘起的小嘴。

「它，它真的叫做一枝黃花，不騙妳，不然我們回去查書，如果它真的叫一枝黃花，妳就……」

「就怎樣？踢我屁股？」

「不要，妳幫我按摩就好了。」我揉揉痠痛的肩胛。

「我才不要按摩你的……老骨頭。」她吐了吐舌頭，「一枝黃花就一枝黃花，不跟你賭了！」

「一枝黃花、一枝黃花、哈哈哈……」小女孩一邊哼唱著，一邊走向夏天的森林裡，

群草中一叢一叢，「好亮好亮」的黃色花朵。

註③：等小女孩對「名字」更有興趣以後，我會再告訴她：「花朵的中間叫頭狀花，外面那像小舌頭伸出來的是舌狀小花；還有人認為，並不是這六個部分組成了一朵花，而是每一個小舌頭都算一朵獨立的花……」可以想像瓦幸的反應：「哪有一個花瓣就算一朵花的，賴皮！」唉，看來又要大費唇舌了。我們難道不能像她一樣，只單純的去「感受」大自然的美好嗎？

黃苑，在樹蔭下很遠很遠就看到了，
好像在一千里外發的光，所以叫林蔭千里光。

9 你是樹，我是藤

「『你是樹，我是藤，你活我就活，你死我就死。』怎麼樣？有沒有很感人？」

「噁心死了！藤搶了樹的陽光，把樹害死了，結果藤自己也死了，這樣不是很不聰明嗎？」

獅頭山的藤坪步道，果然名不虛傳，樹林裡長滿了不計其數的各種藤類，攀爬、垂掛、扭曲成各種不可思議的形狀，好像張旭或懷素的行草，在森林中揮灑著豪放不羈的筆觸，不知道古代的書法家，是不是在大自然中汲取了這些靈感……

「好奇怪哦！」泰雅小妹妹瓦幸清脆的聲音，打破了我的冥思。「這些樹為什麼軟趴趴、又彎來彎去，爬在人家身上，它們到底是樹幹還是樹枝啊？」

我趕忙示意她小聲，不是怕吵到路過的行人，而是怕驚擾了滿山的藤蔓，說不定它們也在側耳傾聽呢。「妳知道樹為什麼要努力長高嗎？」

「為了陽光呀，所以大家都伸長脖子。」小女孩還真的拉長了脖子做努力生長狀，「如果不夠高，就搶不到光了，那些杉樹、松樹都是這樣的。」

「那如果沒辦法長得高高、直直的樹呢？」

「那就要向四面八方多伸展一些樹枝，把葉子儘量放到每一個角落，還是要儘量照得到太陽，對不對？」

「沒錯，可是要長結實的樹幹、還有茂盛的樹枝，就需要很多營養，要花很長的時間才能長出來對不對？」

「那是一定的呀，有志者……事竟成嘛，對不對？」她得意的秀了一句成語，看來已經不那樣討厭「文字」了。

「可是有些植物比較懶啊，它們想長高晒太陽，又不喜歡費力，就長成了藤，專門趴在樹的身上，樹長高，自己就跟著長高了，多輕鬆呀！」

「賴皮！哪有這樣的？那樹幹嘛要讓它爬上來？」

「它們有的會用氣根，像爪子一樣緊緊攀住樹；有的還會繞著樹幹往上爬，就像蛇一樣的緊緊纏住，樹想跑都跑不掉呢。」

「那……那它爬到上面以後呢？」瓦幸著急了，踮起腳尖看著樹頂上的藤。

「它自己也有葉子呀，它就把葉子蓋在樹葉上，結果藤有陽光，樹沒有陽光了。」

「你是說，藤是完全靠樹才能活的？」

「可以這樣說，妳看。」我指著解說牌上的客家歌：「客家女生是這樣唱的：『你是樹，我是藤，你活我就活，你死我就死。』怎麼樣？有沒有很感人？」

「噁心死了！」小女孩的典型反應，「藤搶了樹的陽光，把樹害死了，結果藤自己也死了，這樣不是很不聰明嗎？」

「才不會呢！其實樹如果真的死了，藤會趕快去找另一棵樹爬到它身上，才不會跟著死呢！」

「哈哈，我就知道這奸詐的傢伙，不會那麼笨的。那唱這個歌的女生，只是在騙那個男生而已了？」

「也不是騙啦，是希望嘛。所以我每次帶到婆婆媽媽的隊伍，都會跟她們說：『雖然男人是樹，女人是藤，不過男人如果可以靠就靠，要是不行了，可別賠上自己，要趕快找下一棵樹才好。』」

「哈哈哈哈！馬罵說得好好笑哦，她們聽了有一直笑嗎？」小女孩又咯咯笑了，漾出一臉燦爛的春陽。

「有啊，可是有一次卻有一個媽媽說：『哼，這個時代，誰靠誰還不一定呢！』」

「有道理！我長大了也要做樹，不要做藤，幹嘛賴著人家，還要害人家呢，女生要靠

自己！不要做寄生蟲……耶？對了，我以前聽你說附生、還有共生，那和寄生又有什麼不一樣？不都是賴在人家那裡？」

「來，妳坐下來聽我慢慢說。」我讓小女孩坐在木椅上，難得她對「名詞」也有興趣了，我可要把握機會。「附生啊，就像那個山蘇有沒有？它雖然長在樹上，但是對樹木本身沒有傷害，只是借住而已，這叫附生；那像水牛和牠背上的鷺鷥，水牛提供自己身上的蟲子給鷺鷥吃，鷺鷥幫牠除蟲，自己也得到食物，兩個人都有好處，這就是共生；那寄生妳就知道了，小朋友的肚子裡長了蛔蟲，蟲吃得肥肥的，人卻越來越瘦……」

「嗯，我好像懂了，」小女孩扳著小指頭，一臉的認真，「附生、共生，還有寄生……」

「這樣講吧，如果妳住在別人家裡，沒有付房租也沒有弄壞房子，那算『附生』；如果妳住人家房子，又有給人家錢，那就是『共生』；要是既不給錢，還把人家的東西吃光、房子弄壞，那就是『寄生』啦。這樣懂了嗎？」

「懂了懂了！哇！馬罵你好厲害哦，這樣講我就明白了。」

「那妳是什麼生呢？共生、附生、還是寄生？」

「我是……」她的大眼睛一轉，「我是模範生！哈哈哈！」一溜煙的跑進林子裡，笑聲好像還沒帶走，又倏地出現在我面前，手上多了一顆黑黑的種子。

「你看這裡有一顆圍棋子呢！」

我指給她看樹林裡最粗壯的藤，

也不知道它自己都能長得那麼大，幹嘛還非要賴著人家不可。

「那是血藤的種子。」我指給她看樹林裡最粗壯的藤，也不知道它自己都能長得那麼大，幹嘛還非要賴著人家不可，「妳再去多找一些，要已經掉在地上的，不可以爬到樹上，呃，爬到藤上去剝哦，多收集一些我們來下圍棋。」

「好好。」她答應著，一頭鑽進了樹林，甚至沒有開口叫我幫忙。我看著她小小的背影，心想瓦幸將來一定會長成一棵結實的大樹吧，不會像那些雖然美麗，卻總是彎彎曲曲、牽牽掛掛的藤……

想做一隻小小鳥

「妳不要看鳥會飛好像很自由，其實鳥也很辛苦的，像風吹雨打的時候，鳥要躲到哪裡去？」

「那很辛苦耶！我就算穿著雨衣身體也都溼透了，但鳥連雨衣也沒有。」

湛藍的天空中，一隻大冠鷲（音ㄐㄧㄡˋ）展翅翺翔，劃出一道優美的弧線，底下是成簇的白雲，翠綠的山林。我隨著牠嬰兒哭泣般的叫聲抬頭仰望，泰雅小妹妹瓦幸也看得出神，良久良久，她才低下頭來，閉上雙眼，說：

「我想當一隻鳥。」

「哦？為什麼呢？」

「因為可以自由自在的飛翔，想去哪裡就去哪裡呀。」小女孩張開雙手，對著重重疊疊的山谷。原來她小小的心願就是飛離這裡，去看更廣大的世界？

「嗯，要做鳥呀，首先妳得先長滿一身的羽毛。」

「一身毛？醜死了！」她吐吐舌頭，做出嫌惡的表情，「我才不要，誰說一定要有毛才會飛？蝙蝠就沒有毛！」

「是呀。」她的反應倒是夠機伶，可我更想逗她了，「蝙蝠就不醜啦？」

「好像也……不管！反正我不要一身的毛。」

「好啊，那為了要對抗地心引力，在天空中飛翔，每一隻鳥都要有比身體長好幾倍的翅膀，有些甚至長到兩、三公尺，是一個大人的兩倍長呢……」

「哇！一定要那麼長才飛得動嗎？」

「那當然！可是就算妳有一、兩公尺的翅膀，妳也沒有那麼大的力氣可以揮得動它們吧？」

「嗯，好像很難……」瓦幸用力揮動雙臂，大概在想自己擁有比手臂長好多的翅膀，到底會是什麼樣子。

「那小鳥為什麼能夠飛得動呢？」

「因為牠們的骨頭都是中空的呀！妳以前養過一隻受傷的綠繡眼，牠的體重是不是好輕好輕？」

「是呀！難怪我都沒看過胖胖的鳥。沒什麼肉，骨頭又是中空的，啊，所以叫做『身輕如燕』對不對？」

「哇！瓦幸的成語越來越熟了，應該改叫妳文學小博士才對。」我稱讚她，接下來又故作神祕，「鳥會飛還有一個更重要的原因，因為牠少了一個器官。」

「器官？什麼器官？」小女孩的興趣又來了，黑亮的兩眼滴溜溜的轉著，「鳥沒有什麼器官？沒有手！」

「可是鳥有翅膀啊，那也算是前肢。」

「沒有……沒有眉毛，不對，眉毛不算器官……沒有鬍子，不對，那和飛沒有關係……到底是什麼啦？」她百思不解，只好使出老招數，用力拉我的袖子。

「鳥沒有……」我故意頓了頓，眼看她就要拉斷我的衣袖了，還是趕快揭曉答案，「沒有肛門。」

「沒有什麼？」小女孩誇張的大叫，「怎麼會沒有肛門？那牠們怎麼大便？」

「只是沒有肛門又不是沒有屁……眼……」我變得結結巴巴了，「鳥類排泄的地方叫泄殖腔，牠不像我們人類的肛門有括約肌，可以控制糞便的排放，所以鳥是小便、大便都一起，一有了，就『噗』的一下放出來。」

「我知道了！」瓦幸拍掌大笑，「牠一有小……哎，要講排泄物啦，你這個大人真不衛生，牠一有排泄物就放出來，才不會增加身體的負擔，才能飛得高、飛得快……」

「快」字還沒說完，「啪」的一聲，一坨白色的鳥屎正中我放在地上的背包，我還來不及反應，瓦幸卻已笑得滾到草地上，「哈哈哈哈！哈哈哈哈！我……我正要說鳥要飛就不能一肚子大便，結果你……你剛才的表情真的好像……好像一肚子……哈哈哈！」

我被這個有趣的巧合搞得哭笑不得，有這種「運氣」，看來下山後得去買張彩券才行。背起被「汙染」了的背包，我邊走邊和小女孩繼續先前的話題，「妳不要看鳥會飛好像很自由，其實鳥也很辛苦的，像風吹雨打、甚至颳颱風的時候，鳥要躲到哪裡去？」

「鳥窩？不對！」她馬上自己修正，「鳥窩不是鳥住的地方，只有生蛋養小鳥的時候牠們才在鳥窩……所以牠們只能在樹葉下、草叢裡或是有洞的地方……那很辛苦耶！像在山裡面有時候雨太大，我找不到地方躲雨，就算穿著雨衣身體也都溼透了，但鳥連雨衣也沒有。」

「對啊，還有很多候鳥，因為天氣冷沒有食物，要飛好幾千里，從西伯利亞那麼遠的地方飛來過冬。」

「西伯利亞？那不是在最北邊嗎？那要飛過很大的海耶，那牠們如果在海上飛不動了，要在哪裡休息呢？」

「所以啊，每年有那麼多候鳥那麼辛苦大老遠飛來南方，又大老遠飛回去，竟然還有一些人會去捉牠們……」

「這些人真是太壞了！」瓦幸氣鼓鼓的說，「做鳥好像不是很容易，那……我不做大鳥做小鳥可不可以？就好像我做小孩，也比你們做大人輕鬆啊。」

「做小鳥？做小鳥也不輕鬆哦。妳看過鳥窩裡的一群小鳥吧？鳥媽媽餵牠們的時候，牠們是不是都把嘴巴張得大大的？」

「有啊有啊，不但張得大大的，而且好奇怪哦，牠們的嘴巴裡面，也就是喉嚨啦，都是紅紅的。」

「為什麼會紅紅的？答對了有獎。」

「是不是……」她長長的睫毛眨呀眨的，「是不是這樣比較容易被鳥媽媽看到、會餵牠吃東西？」

「答對了！那我問妳，如果鳥窩裡有五隻小鳥，鳥媽媽，不只，鳥爸爸也會幫忙餵小鳥，鳥爸媽會怎樣餵這五隻小鳥？」

「當然是一人一口，大家平均分配囉。」

「不對，鳥爸媽只餵最有力氣、搶食物搶得最凶的，小鳥們都要靠自己和兄弟姊妹搶吃的。」

「那……如果個子小、力氣小，搶不到呢？」

「那也沒辦法，也許……也許長不大就算了。」

湛藍的天空中，一隻大冠鷲展翅翱翔，

劃出一道優美的弧線，底下是成簇的白雲，翠綠的山林。

「怎麼可以就算了！」小女孩急得快哭出來了，淚水在眼眶裡打轉，「鳥爸媽不能這樣，對小孩要公平嘛！」

「是要公平沒錯，」我柔聲勸慰她，「可是食物不一定都夠啊，鳥爸媽辛苦找來的食物如果不夠五個小孩吃，結果五隻小鳥都吃不飽、長不大，那不是更慘嗎？」瓦幸總算點了點頭，「所以只能讓牠們搶，一隻吃得飽，就有一隻長得大，兩隻吃飽了，就有兩隻長大了，如果食物夠的話，也有可能五隻都長大啊，對不對？」

「嗯，這還差不多，」她拭去頰上的淚水，破涕為笑。「好險。」

「好險什麼？好險妳沒當小鳥？」

「好險我亞爸和亞訝有努力找很多食物，而且哥哥姊姊也沒跟我搶，所以我才能長這麼大。」

「是啊，鳥和動物為了活下去都很辛苦，有時候只能顧自己，也沒辦法講公平、或是幫助別人，但是我們人不一樣啊，人可以互相幫忙，大家都越來越好。」

「好吧，那我不做鳥了，我還是做人……不對，我本來就是人。」小女孩說著，自己都覺得好笑了，「那麼馬罵你呢？你想做什麼？」

「我啊，」我對著層層交疊、峰峰相連的遠山，深深吸了一口氣，「我想做風。」

「風？為什麼想做風？」

「跟妳一樣啊，自由自在，想去哪裡就去哪裡。」

「對厚，而且又不像鳥那麼辛苦，好，那我以後就叫你『瘋子』。」

「瘋子，妳幹嘛罵人？」我瞪她一眼。

「沒有啊，子不是對人的尊稱嗎？像孔子啊、孟子啊，你那麼想做風，我就叫你風子囉，哈哈哈哈！」小女孩開心的笑著，像一隻飛翔在湛藍天空下的小鳥。

寫一封信給瓦幸

親愛的瓦幸：

今天早上起床的時候，有沒有聽到鳥叫聲啊？有時候我會很懷念當初在山裡的生活，每天早上的MORNING CALL，都是一大群吱吱喳喳，生動悅耳的鳥叫聲。

記得我跟妳講過：鳥爸鳥媽在餵食小鳥時，並不是公平的分配給窩裡的每一隻，而是看哪一隻搶得多、長得大，換句話說是一種「自然淘汰法」。那時候妳還為比較弱小、搶不到食物的小鳥大表不平，但我今天要告訴妳，還有更「殘忍」的例子。

像大冠鷲、老鷹（也就是黑鳶）、海鷗這種猛禽類，牠們通常一次只生兩個蛋，孵化出來的兩隻小鳥，一定有強有弱。父母每天去打獵回來，兩個小孩當然都拚命搶著吃，強的吃多些，弱的吃得少，幾天下來，強的更大隻，弱的更小隻，然後哥哥（或姊姊）就會趁著爸媽不在時，用身體拚命的推擠弟弟（或妹妹），後者當然也死命反抗，但因為吃得少，長得小，總有一天小隻的會被大隻的推下巢，一命嗚呼，從此剩下來的「強者」就可以獨享爸媽所有的食物了。

最重要的是，老鷹爸媽發現少了一個小孩，卻一點都不在意，繼續餵養留下來的那隻——其實牠們生兩隻本來就是「保險」用的，既然現在有一隻夠強、順利活下來，「任務」可以算是成功了！

「物競天擇，強者生存」不只在物種之間，即使在同一物種之間好像也適用喔！而我們人類跟其他動物不同，會特別照顧病弱的、殘障的、有缺陷的，甚至受傷的同類，不只「自己」好，而是要「大家」都好，這就是人類有資格身為「萬物之靈」的主要原因了。

乘著歌聲的翅膀

杉林上面，飛過一大群小小的鳥兒，紛紛降落在山莊的廚房後面，啄食著地上殘留的飯粒，發出「急救、急救、急急救」叫聲的，是青背山雀。

「我喜歡小鳥，可是牠們不喜歡我。」站在一棵巨大的山桐子樹下，泰雅小妹妹瓦幸忽然這麼說，濃濃的雙眉皺了起來。

「為什麼呢？不會吧？」

「會啊，因為牠們都躲起來，不讓我看到。」

「不是的，」我啞然失笑，「小鳥都很膽小的，像我們走步道的時候這樣嘻嘻哈哈吵吵鬧鬧，牠們早就嚇跑了。」

「是哦？因為牠們不知道我們是敵是友對不對？」

「對啊，其實為了怕被猛禽、就是老鷹啊那些比較大的鳥攻擊，大部分的小鳥都是在

天還沒亮的黎明，或是天色已暗的黃昏，才會聚在一起吱吱喳喳……」

「對對，像我的房間外面，每天早上四、五點就有一大群小鳥叫個不停，我亞訝有一次還跟民宿的客人說，這是山裡面的Morning Call呢。」

「所以妳真的想看到很多小鳥，就要選一個地方，像這棵山桐子結果的時候，就會有很多鳥兒飛來，妳就躲在樹下不要動、別出聲，就可以看到很多鳥啦！」

「好啊好啊，」小女孩的眉頭舒展開了，臉上也掛回笑意，「可是像我們這樣常常在山裡面走來走去，就沒機會認識小鳥了嗎？」

「不會的，認不到外表，我們可以先認牠們的聲音啊，妳聽。」

「雞狗乖、雞狗乖……」草叢裡傳來陣陣有點急切的叫聲，「我知道！這是竹雞！常常在路邊看到的。」

「還有我們剛剛在山下，聽到郭、郭、郭……好像敲木魚的。」

「那是五色鳥！牠好漂亮哦，結果你們因為牠的叫聲像敲木魚，就叫人家花和尚，好奇怪哦。」

「所以啊，妳不一定每次都看到這麼多鳥，但只要一聽到聲音，不就知道牠們在附近了嗎？就好像……跟朋友打電話一樣，不一定要看到人嘛！」

「嗯，有點道理，」瓦幸又煞有其事的點點頭，「可是有些鳥都吱吱喳喳的亂叫，不一定分得出誰是誰啊。」

「哦，鳥如果是在警戒或是吵架的時候，大概每一種都是軋軋呀呀難聽的要死。」我學的怪聲音把她逗笑了，「不過如果是聯絡聲、或是求偶聲，那就很特別，也很好聽。」

「對啊，像我亞大如果跟男朋友講電話，聲音就好溫柔好好聽哦，罵我的時候就像烏鴉，ㄚˋㄚˋㄚˋ個不停。」

瓦幸學的烏鴉（中文學名：巨嘴鴉）叫聲也把我逗笑了，這時林子裡忽然傳來「滴鈴鈴……滴鈴鈴……」電鈴般的鳥鳴。

「咦？好像電鈴的聲音哦，這是什麼鳥？」

「這就叫電鈴鳥，」我一看到瓦幸又要瞪我了，趕快改口，「這叫棕面鶯，牠很膽小，我還沒真的看到過呢。」

我們小心翼翼的前行，唯恐在落葉枯枝上踩出聲音，驚擾了正在歡唱的鳥兒，但不久電鈴聲消失了，取而代之的是「滴、答答滴……」像是發電報的聲音。

「啊，這是電報鳥，叫做褐色叢樹鶯。」

「電報？什麼是電報？」瓦幸一臉迷惑。

我心想糟了，回去又要大費周章的解釋半天，搞不好小女孩還會纏著我教她摩斯密碼，還是早點轉移她的注意力吧，「妳聽！這隻是激動鳥。」

山野裡傳來一聲聲的「苦過、苦過、苦過」，而且一聲比一聲急切、一聲比一聲響亮，「牠好像很著急哦，難怪你叫牠激動鳥，我記得亞爸說過，這是鶯鵑的叫聲。」

「對啦，妳看光是靠聲音，妳就認識那麼多的鳥了，而且有的鳥還會叫人家的名字哦。」

「吹牛！」這下小女孩又不相信了，「上次你說那個紅嘴黑鵯會學貓叫就很厲害了，怎麼可能會叫名字？」

說巧不巧，樹叢裡正好跳躍著一隻看來胖胖像番薯、臉上有一塊黃斑的鳥兒，「妳聽，牠是不是在叫：邱—碧雲，邱—碧雲？」

瓦幸歪著小小的腦袋傾聽了一會，「真的耶，牠在叫邱—碧雲，邱碧雲是誰呀？」

「雞雞。」另一隻卻是這樣回應的。

「邱—碧雲。」「雞雞。」「邱—碧雲。」「雞雞。」我告訴瓦幸，原來這是一公一母兩隻黃胸藪（音ㄙㄡ）眉正在對唱呢。

「我知道了！是不是這個黃胸什麼眉，母的名字叫邱碧雲，公的叫雞雞，所以公的就叫她邱—碧雲，那母的就回叫他雞雞，嘻嘻，雞雞，好好笑的名字哦。」

「還有很多好玩的哪，」我指著盛開的山櫻花下，吊掛著的幾隻小鳥，高聳的龐克頭，有趣的八字鬍，這是瓦幸也熟悉的冠羽畫眉，「牠們的叫聲是『吐—米酒』。」

小鳥都很膽小的，
大部分都是在天還沒亮的黎明，
或是天色已暗的黃昏，
才會聚在一起吱吱喳喳……
冠羽畫眉
青背山雀
黃胸藪眉

「還是牠們也在學英文，Nice To Meet You？」

杉林上面，飛過一大群小小的鳥兒，紛紛降落在山莊的廚房後面，啄食著地上殘留的飯粒，發出「急救、急救、急急救」叫聲的，是青背山雀。

「真是愛吃的傢伙，可是我看過牠們咬著螞蟻，卻沒有吃下去，反而在身上擦呀擦的，為什麼？」在山裡從小就有極好觀察力的小女孩問我。

「牠們在做SPA。」我怕她又不信，趕緊解釋清楚，「螞蟻的身上不是有蟻酸嗎？牠們咬著螞蟻在身上擦，就可以殺死身上的寄生蟲，很聰明吧？」

「你—回去！」忽然傳來很響亮，卻有點不太友善的聲音，「我—不回去！」居然還有這樣的回答，莫非是夫妻在吵架？「你—回不回去？」

我和瓦幸一起拍手大笑，「這是小鶯，有沒有？我上次畫給妳看過，看起來凶凶的。」

「真的耶，大家的叫聲都不一樣，都好有特色哦，可是……可是我怕很快又會忘記誰怎麼叫了。」

「這樣吧，我們來編一個故事。」我一邊往前走，一邊快速的思索著，「有一個人在山裡面喝醉了酒，就在一棵大樹下吐了，冠羽畫眉看到了，就說：吐—米酒、吐—米酒，好心的青背山雀看他醉得很嚴重，就說：急救、急急救，要趕快打一一九，但是壞脾氣的小鶯可就不高興了，牠說：你—回去，你—回去，要把這個醉漢趕走呢！」

「哈哈哈哈！太好玩了！」小女孩開心的大笑，「馬罵你好厲害哦，不但會用聲音跟鳥做朋友，還會編鳥叫的故事……」她忽然跑到我面前，招招手要我蹲下來，大大的眼睛注視著我，「我很……崇拜你哦。」

話一說完，她自己一溜煙跑開了，反而是我覺得臉上燙燙的。唉，一定是春天的陽光太溫暖了。

寫一封信給瓦幸

親愛的瓦幸：

在都市裡，我還是很懷念鳥叫聲，尤其是妳學烏鴉的叫聲，聽起來像還在讀幼稚園的小烏鴉叫的，而我那蒼老的、有點沙啞的「老烏鴉」叫聲，一定比妳傳神吧！因為每次在山裡面，得到回應比較多的都是我呢！

我還有一個朋友是吹口哨高手，他甚至能用口哨吹一曲完整的古典音樂喔！所以他每次學鳥叫都特別傳神，尤其是白尾鴝的「MiMi Do Re Mi」，每一次都跟著他叫出來，對我們來說，在樹林裡尋找搖著白色尾巴的白尾鴝真是太容易了。

不知道我有沒有跟妳講過：小鳥的叫聲裡除了求偶吵架和警戒，還有一種互相連絡的功能，例如四隻小鳥，分別在一座森林的四個角落覓食，牠們都確認自己附近是安全的，但不知道其他地方的狀況。所以這聰明的四隻小鳥會輪流叫，例如甲鳥在東邊叫一聲，另外三隻就知道這時東邊是安全的；過個兩分鐘，換乙鳥在西邊叫一聲，另外三隻就知道西邊也是安全的……以此類推，每一隻安心覓食的小鳥，只要每隔兩分鐘（這是舉例，反正是固定的時間就對了）聽到別隻的叫聲，就能確定四周是安全的。萬一有一個叫聲忽然中斷了，例如丙鳥沒有照時間在南邊叫，那就表示牠碰到危險而跑掉了（或者已慘遭毒手，阿門）！那另外三隻當然也會趕快離開這個是非之地。

這如果用一句成語來形容的話……妳該不會猜是「一呼百應」吧？對對，妳的國文進步那麼快，一定知道答案是「守望相助」：這就和古裝電影裡巡更的人一邊打鑼一邊喊著「天乾物燥，小心火燭」一樣，如果他的聲音忽然停了，就一定是出事了！不一定？也可能是他偷懶睡著了，有道理。不過小鳥應該不會在樹枝上打瞌睡吧？那豈不是會掉下來摔個哎唷喂呀嗎？

再考妳一題：小鳥在哪裡睡覺？答對了有獎喔！

你所不知道的鴛鴦

「誰跟妳說鴛鴦很專情的？」

「那古代的人為什麼還說『只羡鴛鴦不羡仙』呢？」

「也許……他們沒有弄清楚鴛鴦的習性吧？畢竟一隻隻長得都很像。」

「為什麼呢？」泰雅小妹妹瓦幸趴在七家灣溪的橋頭，嘴裡喃喃唸著，「為什麼世界上有那麼美麗的小鳥呢？」

我順著她的目光看過去，溪水潺潺，綠樹掩映，並沒有任何鳥跡，只好嘆口氣，拿起望遠鏡。不知道為什麼，我所有的原住民朋友不管哪一族，視力都好得令人嫉妒，年輕的不近視，年邁的不老花，眼鏡似乎不在他們常用的名詞裡，下次得問問泰雅語的「眼鏡」怎麼說。

「啊！有了！」是一對美麗的鴛鴦，正在一堆石塊旁，悠遊的啄食著牠們最愛的水芹菜，尤其公鳥那身上美麗的、彷彿由藝術家精心畫上去的一個個色塊，說牠是世上最美麗的鳥兒也不為過。

「我最喜歡看牠們身上那塊豎立起來、好像船帆的部分了，看來好神氣哦！可是為什麼不是每隻公鳥都有呢？」

「哦，那叫帆羽，是鴛鴦先生想要求婚的時候才會有的。」

「長得這麼漂亮，鴛鴦先生一定很得意吧？不像鴛鴦小姐，長得實在有點……」瓦幸看看我，修正了用語，「暗淡。」

「所以妳以為，只要是羽毛很鮮豔的就是公鳥，毛色暗淡的就是母鳥？」

「那當然！不是所有的鳥類都是公的比較漂亮嗎？」

「那可不一定，」我朝小女孩左右揮動著食指，「像彩鷸因為是一妻多夫，牠就是母的比較漂亮。」

「是哦？可是鴛鴦真的是公的漂亮啊。」

「對，但牠並不是一直這麼漂亮，其實色彩鮮明是很危險的，因為很容易被發現啊，那就會遭到猛禽，像老鷹、大冠鷲之類的攻擊，一不小心就送命了！」

「真的厚，」她拍拍自己的胸脯，裝出害怕的樣子，「那還是母的比較好，暗暗朦朦的，根本就不會被看到。」

「但是鴛鴦先生為了吸引小姐們的注意，不得不把自己打扮得那麼漂亮，說起來是冒

著生命危險……」

「那是不是結了婚之後就……」瓦幸的反應很快。

「沒錯，只要結了婚生了小孩，鴛鴦先生就會馬上換毛，變成和母鴛鴦一樣暗淡的毛色，這樣就安全啦！」

「哼，娶到老婆就不愛漂亮了，你們男人都這樣。」小女孩斜瞪我一眼，又自圓其說，「不過鴛鴦先生也是不得已，值得同情啦。」

「那妳知道換過毛的公鴛鴦和母鴛鴦怎麼分嗎？」

「那……毛色都一樣，要怎麼分呀？」她縮起脖子，吐了吐舌頭，「應該看不到牠們的小雞雞吧？」

「別傻了！」我輕輕敲了一下她的頭，「妳看公鴛鴦的嘴巴不是特別紅嗎？即使牠鮮豔的羽毛全部換光了，嘴巴還是鮮紅鮮紅的，一看就知道是公的了。」

「是這樣哦，」在橋欄上趴久了，瓦幸直起身子伸了伸懶腰，「還好鴛鴦先生那麼專情，要不然像牠長得那麼漂亮，一定可以交很多個女朋友。」

「是嗎？誰跟妳說鴛鴦很專情的？」

「你不是說大部分的鳥類都是一夫一妻嗎？而且大家都用鴛鴦形容夫妻感情很好，我去過同學的阿嬤家，她的枕頭上還繡著鴛鴦呢。」

一對美麗的鴛鴦，正在一堆石塊旁，
悠遊的啄食著牠們最愛的水芹菜，
說牠是世上最美麗的鳥兒也不為過。

「我們原來也以為是這樣，後來有國家公園的研究人員在鴛鴦身上裝無線電，結果發現公鴛鴦在結婚生子之後……」我故意賣個關子，看看瓦幸急不急。

「之後怎麼樣？你快說嘛！」她果然拚命拉我的袖子。

「之後就飛走，一去不回頭了！」

「牠……牠也許是迷路了、也許被大鳥攻擊了……」

「可是第二年我們發現牠和另一隻母鴛鴦在一起，又組織了一個幸福美滿的家庭……所以呀，鴛鴦根本不是一世情，牠頂多算是一季情而已。」

「這樣哦，」小女孩有點悵然若失，「那古代的人為什麼還說『只羨鴛鴦不羨仙』呢？」

「也許……他們沒有弄清楚鴛鴦的習性吧？畢竟一隻隻長得都很像。」

「也許……」瓦幸忽然眼睛一亮，「也許他們早就知道鴛鴦是風流鬼才這樣說的！你是男生，老實說，你對公鴛鴦有沒有一點羨慕呢？」

「我……呃……我……」我得趕緊引開她的注意力，「妳常看到鴛鴦，那有沒有看過牠們的窩呢？」

「沒有耶，是在水邊嗎？還是在樹枝上？」

「都不是，」我帶她走到橋頭，旁邊的一棵樹上正好有一個樹洞，「牠們把小鳥養在像這樣的洞裡面。」

「嗯，真聰明，不用辛苦的找樹枝樹葉來做巢，蛇好像也不容易爬上來，可是……不對！」她又有新發現了，真是個腦筋靈活的小鬼，「我常看到鴛鴦媽媽帶著一群小孩在河裡游泳，那麼高的樹洞，小鴛鴦怎麼下得去？」

「那就是今天的智力測驗了，答對了等一下請妳吃一顆又大又甜的雪梨。」

「飛下來？可是小鴛鴦還不會飛……媽媽載牠們下來……用咬的？用背的？好像都不行。」小女孩絞盡腦汁，抬頭看看高高的樹洞，終於放棄了，「我投降！公布答案吧！」

「很簡單，小鴛鴦就這樣，通、通、通的跳下來。」

「那麼高跳下來？那不都摔成……鴨餅了？」

「不會的，妳看。」我指給她看樹下厚厚的落葉和草叢，「鴛鴦爸媽會選好降落地點，不會讓自己小孩送命的，這也是小鴛鴦要長大的第一個考驗啊。」

瓦幸點點頭，目光又轉向剛才鴛鴦覓食的地方，「你看！牠抓到了一隻蛤蟆耶，可以加菜了，哈哈。」果然公鴛鴦嘴裡咬著一隻蟾蜍，正用力的朝水面摔打著，母鴛鴦則在旁邊繞來繞去，想分一杯羹。

「牠在幹嘛？是要洗乾淨了才吃嗎？」

「有人說是因為蟾蜍皮有毒，牠這樣可以把毒性去掉一些；但也有人說牠是把蟾蜍摔碎，變得軟趴趴的比較容易吞下肚子；至於真相如何，只有請妳去問牠們了。」

「為什麼？為什麼要我去問，不是你去問？」

「因為……因為你們都是最漂亮的，比較好溝通嘛。」

「哼！你又取笑我了……」小女孩作勢要打我，忽然傳來「噗噗」的撲翅聲，兩隻鴛鴦一起展翼飛起，在清澈的河面上，劃出一道優美的弧線，我們兩人一起凝目注視，沉醉在這大自然恩賜的美景中。

「哇！竟然會飛耶，真想不到。」瓦幸忽然細聲細氣的說，又在作怪了。

「不會吧？妳應該知道鴛鴦會飛吧？」我一臉狐疑。

「我是在學亞大的客人，從臺北來的，我帶她們去看鴛鴦，她們一看到鴛鴦在飛，就是這樣說的。」

「一般人很難得看到野外的鴛鴦，妳這樣取笑人家，不太好吧？」

「不是啦，是我跟她們說鴛鴦本來就會飛，她們其中還有一個人說：『誰說的？鴛鴦不是鴨子嗎？鴨子怎會飛？』」

「鴛鴦是叫滿州鴨（Madarin Duck）沒錯，」這下連我也啞然失笑，「但她們不知道，除了家裡養的鴨子，所有的鴨子都會飛嗎？」

我們兩個一起哈哈大笑，笑聲響徹了七家灣溪的河谷，希望沒有打擾到這些美麗鴨子們的好夢。

親愛的瓦幸：

不知道妳還記不記得我們曾經為一件事情爭吵過：我說大部分的動物都是公的比較漂亮，妳說對，除了人以外。我說男人比較漂亮啊所以不像女人愛打扮穿漂亮衣服，妳說才不對，不然怎麼有人說女生漂亮沒人說男生漂亮……其實那時我是逗著妳玩的，不過關於鳥類的羽毛花色，我最近倒有了新發現。

很多人都以為鳥類是一夫一妻制的，和哺乳類不一樣，其實鳥類也不見得那麼「忠貞」喔！一生只有一個伴侶的大雁或許是，一季情而非一世情的鴛鴦就不一定了。但如果仔細分析的話會發現，如果是公鳥漂亮而母鳥……不要說醜，說比較暗淡好了，其實還是有很多是一夫多妻的。這些同一個老公的「姐妹」還會互相照應彼此的孩子，反正都是同一家的嘛！而如果公鳥和母鳥長得都一樣好看（例如灰喉山椒，公的紅胸，母的黃胸，都很鮮豔美麗），或一樣不怎麼好看，那麼牠們就比較多是一夫一妻。但若像彩鷸那樣母的比較漂亮，很容易吸引到公鳥來交配的，牠卻會下個蛋然後就走了（真是個不負責的媽媽，不過妳一定會說：地球上不負責的爸爸更多，哈哈），公鳥只好乖乖留下來孵蛋，母鳥又接著去找下一個對象……如法炮製，故技重施，一般要找到四個公鳥，生四個蛋為止，這就是標準的一妻多夫啦！

男女之間也一樣，如果一方條件優太多，另一方就會比較擔心對方變心或不專情；如果條件不相上下，大概就會比較安分，呃，我是說旗鼓相當啦！所以瓦幸也要加油，讓自己變成一個優秀、卓越的女生，就能確保未來的幸福啦！

什麼？妳說現在談這個太早了？未雨綢繆嘛！不早、不早。

草和它們的名字

「我不喜歡草。我知道它們很努力，山裡面有那麼多植物比它們高，可是它們還是努力的生長著……」

「那妳……幹嘛不喜歡？」

「我……記不住它們的名字，太多種了，樣子又都很像。」

「我不喜歡草。」走在美麗的松羅步道上，泰雅小妹妹瓦幸忽然這麼說，嚇了我一跳。

她一向對大自然的一切都充滿熱愛呀，怎麼忽然有了這負面的想法，莫非我們這樣無止盡的在山林間漫遊，讓畢竟還年幼的小女孩覺得疲累、甚至厭膩了？

「為什麼呢？草很可愛啊。」我小心的探問。

「我知道它們很可愛，而且也很努力，山裡面有那麼多植物比它們高，搶走很多陽光；每個都比它們大，搶走很多養分；可是它們還是努力的生長著，而且到處長，一點點空地都不留下，小草很棒啊！」

「那妳……幹嘛不喜歡？」

「我……記不住它們的名字，太多種了，樣子又都很像。」

「那有什麼關係？」我如釋重負，「記不住就不記，喜歡就好了，莎士比亞說：『玫瑰即使不叫玫瑰……』」

「『仍是世上最美的花朵』，你說過很多遍了。」瓦幸一本正經的說：「就像我們班上的同學，我一定要知道他們的名字、認識他、瞭解他，才有可能喜歡他。難道我可以跟同學說：『喂，我很喜歡你，不過我不知道你的名字，因為名字不重要？』」

「呃……」這下我倒啞口無言了。「好吧，但是一班的同學那麼多，我們也不可能一下子都知道名字呀，只要慢慢的記，自然會認識得更多。」我帶她走到步道邊的草叢，「跟人一樣，長得特別的比較好記，我們來看看有哪些草比較好認的。」

「這個是火炭母草，長黑斑的，我認得！」

「那這個葉子很像西瓜皮的，就叫做西瓜草呀。」

「哈哈！很好記耶，那這種葉脈一排一排、好像樓梯的呢？」她的興趣來了。

「就叫做樓梯草呀，簡單吧？」

「嗯，可是旁邊這種和它有點像的，可是沒有樓梯……」

「這個就叫做冷清草。」

「冷清？冷冷清清？有那麼可憐的名字呀？」

「就因為它長得太普通、沒人要理它嘛。」我指給她看開在莖上一小球一小球、淡綠色的花，「連它的花也長得那麼不起眼，一點也不吸引人注意，不是很冷清嗎？」

「好好玩哦，這是真的還是你自己編的呀？」

「管他！只要能記住名字就好了。還有妳看那個草，葉子背面是紫色的，妳猜叫什麼草？」

「叫……紫背草！」小女孩的大眼睛又發亮了。

「答對了！妳知道它的背面為什麼是紫色的嗎？妳剛才不是說小草很難搶到陽光嗎？所以這種草的背面是紫色的，可以幫忙擋住陽光，多進行一些光合作用。」

「嗯，它好聰明哦！那這種葉子像鋸子的又叫什麼？總不會是鋸子草？」

「它這樣一排的缺口，像不像刀子割傷的？所以叫做刀傷草。」

「才不是咧！我聽亞訶說過，這種草是可以治刀傷的，所以才叫做刀傷草，你又騙人了！」

「我是要幫妳好記名字嘛，」我兩手一攤，故作無奈狀，「其實很多草都可以當藥、可以治病的。」

「對耶，像我家的貓，有時候可能是生病了，都會自己去外面找草來吃……」她忽然跑了幾步，停在幾株葉子較大、還有一葉向上挺立的草前，「這個我認識，叫車前草，它可以當藥，可是……為什麼會叫車前草呢？難道它都長在車子前面？」

「這種草到處長、很厲害，連你們部落前面的柏油路上都有長，真的是常常擋在車子前面。」

「真的嗎？被我說中了？」她半信半疑，「管他！記得住名字就好。咦？那這個開白花的是什麼草？」

我們蹲下來，一起看著這一株三葉、三片葉子上各有一道白斑，而三片組合起來，正好形成一個心型的草，「這個啊，叫做白花三葉草，它的心很可愛吧？」

「嗯，一顆心，我覺得也可以叫做情人草耶。」小女孩很得意她的創見，「三葉草就三葉草，為什麼叫白花三葉草，是不是它還有別種顏色的花？」

「沒錯，還有一種是紫花，叫做紫花三葉草，就好像酢醬草，有黃花的，也有紫花的，名字就不一樣。」

「炸醬草，好好玩哦，跟炸醬麵有關係嗎？」

「其實酢醬草要念『ㄗㄨˋㄛ』，是酢醬、不是炸醬，它和三葉草一樣是三葉的，不過它的葉子是心型。」我在一叢紫花酢醬草前蹲下來，「據說如果是四葉的，就是所謂的幸運草，可是我從來沒找到過四葉的。」

「為什麼？我常常找到四葉的呀。」瓦幸一邊撥弄著小草，一邊不經意的說。

「是嗎？我和一起登山、健行的朋友，都說從來沒看過四葉的酢醬草，還說那根本是人家編出來的說法，妳真的那麼幸運，常常找到四葉的？」

「唉，你們大人哦，」瓦幸站起身，兩手叉腰瞪著我，「你們根本都沒有用心找，隨便翻兩下，就說沒有四葉的，不用心的人，怎麼會找得到幸運呢？」

「對、對、對。」我頻頻點頭，「好了，妳今天多認識了好幾種草，應該比較喜歡它們了吧？」

「等一下！」她又低下了身子，指著一片片八角型的草，「這個很特別，我還不知道名字！」

「這個不是八角型的嗎？就叫八角蓮。」

「為什麼是蓮？它明明是草耶。」

「喂，名字又不是我取的，那觀音座蓮也不是蓮，它還是蕨類咧，反正人家已經是那個名字了……」

「也對啦，像我們班有叫美女的，也有叫英雄的……」小女孩忽然壓低了聲音，「其實他們……你知道嘛……」

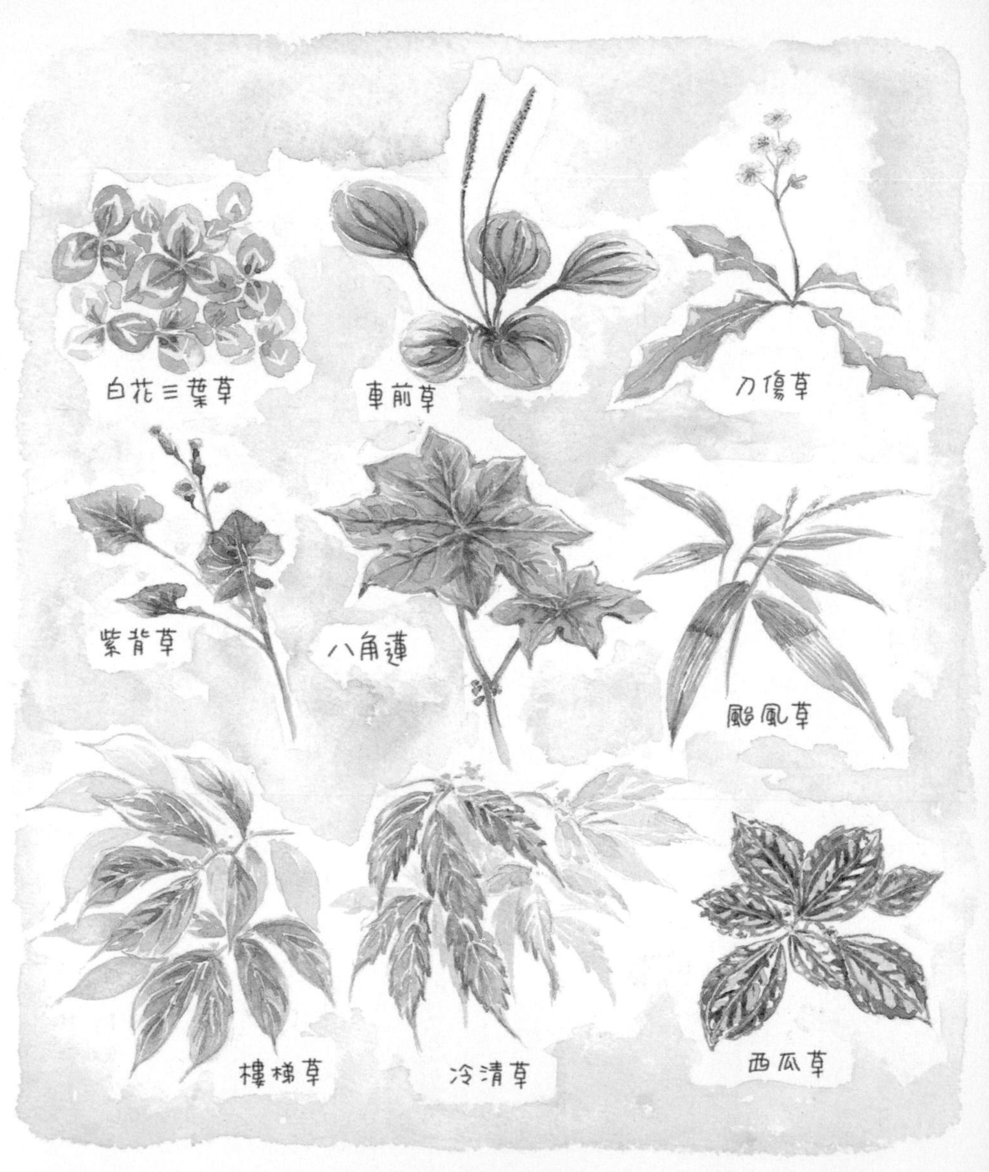

路邊的小草們正在夕照中隨風搖擺，它們或許也在歡笑吧……

「好了好了，我知道妳的意思。咦？這裡還有一個名人，不是，是名草。」我指著葉子狹長一片，上面滿是直條葉脈，卻在接近葉尖的地方，彎折下去出現一條折痕的草。

「我知道！這是颱風草，聽說上面有幾條折痕，今年就有幾次颱風，今年……嗯，只有一個颱風。」

「可是……妳看過不是一條折痕的嗎？以前？」

「沒有耶，」她左右搖晃著小腦袋，「好像每次看到颱風草，都是一條折痕……所以這……不準囉？」

「其實它葉子長了，太重了，就自然垂下去、出現一條折痕，跟颱風的關係應該只是人們自己想像的，就像含羞草妳看過吧？妳覺得它真的害羞嗎？」

「是啊，不然為什麼一碰它，葉子就全部縮起來，你一走開，過一下子又好了，那不是害羞嗎？」

「那是因為葉子裡面有水分，妳一碰它，水往一個方向流，葉子自然就縮起來了，它的目的是要防止被動物吃掉，是自衛，不是害羞。」

「哦，動物一碰它，它一縮起來，葉子就不見了，看起來就不好吃，這麼說它是聰明草，不是含羞草。」

「好了，今天就先認識這些簡單的、一看就知道名字的，改天我們再慢慢記更多，好不好？」我看看天色已暗，也該踏上回程了。

「好啦，那所有的草，你都知道名字嗎？」

「怎麼可能！我跟妳說一件事，我在國家公園受訓當解說員的時候，我們有一個植物教授多厲害呀，他帶著我們學員走步道，一路上東指西指，這是什麼樹那是什麼草，沒有一樣不認識的，真是佩服死了！等到下課的時候，我就偷偷問他說：『教授，請問我要多久才能達到你這個功力呀？』妳猜他怎麼說？」

「五年、十年、還是一輩子？」

「他竟然說：『不會啊，這不會很難啊。』我說怎麼可能不難呢，植物有那麼多種，教授你有什麼祕訣嗎？他說：『有啊，你有沒有注意到，我帶隊的時候都走在最前面……』」我頓了一頓，吞一口口水。

「然後呢？」瓦幸忍不住了，「你快說啊！」

「教授說：『我都走在最前面，只要看到不認識的草，就趕快先用腳把它踩掉！』」

「哈哈哈哈！」瓦幸放聲大笑，我也開心的笑了，路邊的小草們正在夕照中隨風搖擺，它們或許也在歡笑吧……

松的傳奇故事

「還有啊，我告訴妳一個祕密，」我故意放低了音量，瓦幸湊過來，「松樹還會放火哦。」

「騙人！樹又不會動，怎麼會放火？」她的小腦袋瓜搖得跟鈴鼓似的。

漫步在武陵，高高的松樹聳入藍天，特別有一種蒼勁的氣息，泰雅小妹妹瓦幸抬頭仰望，「松樹長得真帥！」

「是嗎？松樹是帥哥，那有不帥的植物嗎？」

「有啊，像那些歪七扭八的藤，就比較像……無賴；杉樹很整齊，像是乖寶寶；松樹不但長得帥，還會唱歌。」

「唱歌？難道松樹是張學友，還會唱歌？」

「會啊，你聽！」走入煙聲瀑布的步道口，小女孩要我仔細聆聽，一陣陣風吹過松林

樹梢的聲音，像很遠處的、幽微的海浪聲，古人叫它「松濤」，瓦幸說是松樹在唱歌，

「我亞爸說，心裡沒有事的人才聽得見松樹的歌聲。」

「那妳知道松樹帥哥有哪兩種嗎？」

「知道啊，二葉松和五葉松。」她很快從地上撿起兩種乾枯的松針，一束兩枝的，和一束五枝的。

「那如果是一束三枝、或者四枝的呢？」

「那就是三葉……不對，是五葉松斷了兩枝針，」她縮起脖子，吐了吐舌頭，「差點又被你騙了。」

「不要老是懷疑我騙妳嘛！來，我告訴妳二葉松和五葉松還有什麼不同，妳知道嗎？它們一個是紅派、一個是白派。」

「為什麼？它們外表看起來都是黑黑的樹幹、綠綠的葉子呀！」

「因為二葉松的英文叫 Red Pine，五葉松叫 White Pine，所以每年過年的時候，它們都來個紅白對抗呢！」

「哈哈！你又在吹牛了！松樹雖然會唱歌，也不是歌星吧？」瓦幸被我逗笑了，「再吹啊，還有嗎？」

「還有啊，它們一個是黃山派、一個是華山派。」

二葉松可以做很好的建材，

古人說：「水中千年松，空中千年楓。」

「哇！連武俠小說都出來了，你也太誇張了吧？」

「真的啊，我去過中國大陸的黃山，那裡長的都是二葉松；還有一種五葉松叫做華山松，所以我這樣講也沒錯啊。」

「好吧，反正我也沒去過，隨便你吹。」小女孩不太甘心，可又顯得興致勃勃。

「還有喔，二葉松信佛教，五葉松信回教。」

「哇！這太離譜了！這下看你怎麼編？」

「因為二葉松只有兩針，是一夫一妻；五葉松是五枝，一夫四妻，所以一個是佛教徒、一個是回教徒。」④

「哈哈哈！太好笑了！」瓦幸笑得彎下了腰。

「那因為二葉松是一夫一妻，身體比較好，所以木頭很堅硬，可以做很好的建材，古人說：『水中千年松，空中千年楓』，意思就是松木可以很持久。至於老婆太多的五葉松身體就比較差了，只能做做紙漿啊什麼的……」

「哈哈哈！」瓦幸忽然止住笑聲，很認真的說，「雖然我知道你是開玩笑的，但是這樣一講，我就統統記住了，要是學校的老師都像你這樣就好了。」

我點點頭，心想教室裡的教材可不像大自然那麼隨手可得，又能隨興所至的發揮，不過要是孩子們都能在大自然裡上「自然」課，應該會「自然」得多吧？

「妳看這二葉松不是在樹上連著、枯死了掉在地上也連著嗎？所以我們以前有位國家公園的解說員就做了一首情詩：『不要送我玫瑰花，花枯葉落兩凋零；請你送我二葉松，生生死死不分離』。怎麼樣？有沒有很浪漫？」

「嗯……」小女孩原本要翻白眼的，終於還是點點頭，「好啦，有一點感人啦！咦？那馬罵以後情人節你就不必花錢買花，只要撿二葉松的松針送女朋友就好了！」

「對厚，那如果……」我撿起一枚松針，單膝跪地獻給瓦幸，「那麼如果以後妳男朋友也送妳二葉松……」

「我會感動……」她假裝感激涕零，卻做了個鬼臉，「我會踢他屁股，小氣鬼！」她作勢一踢，立刻像小松鼠般溜進松林裡了。

不久又探出頭來，還真像小松鼠，「為什麼松樹底下只有松針，很少有其他的草呢？」

「嗯，妳真聰明，耳聰目明。」我不能不嘉許她靈敏的目光，「因為松針會分泌一種化學物質，簡單講就是有毒的，讓別的植物長不出來，才不會搶了將來小松樹要在這裡長大的地盤啊。」

「哦，這麼說，松樹還是個偉大的媽媽囉？」

「沒錯，妳看樹上那些松果，」我指著滿樹纍纍的松果，「松樹媽媽把種子放在松果裡，會放很久很久，有時候還會超過一年哦。它一定要等天氣啊溫度啊溼度啊……各種條件都合適了，才把裡面的種子放出去。」

「嗯，別種樹的果子都不會長很久，不像松樹媽媽這樣辛苦懷孕特別久，是很偉大的哦！」

「還有啊，我告訴妳一個祕密，」我故意放低了音量，瓦幸湊過來，「松樹還會放火哦。」

「騙人！樹又不會動，怎麼會放火？」她的小腦袋瓜搖得跟鈴鼓似的。

「真的！我問妳，森林火災有哪三種原因？」

「我知道，上次林務局伯伯有跟我說，一個是天然的，像閃電打到樹木燒起來啦；一個是人為的，就是有壞人故意放火；還有一個……就是……」

「就是樹木自己放火啦！妳知道，森林裡的樹木競爭是很激烈的，有時候搶地盤搶不過人家，乾脆放一把火。」

「可是……」瓦幸仍然半信半疑，「松樹又沒有打火機或是火柴，要怎麼放火？」

「妳以前不是也講過，松樹上面有油脂嗎？再加上那麼多松針做燃料，天氣很熱、很乾燥的時候，可能樹枝互相摩擦、摩擦，轟！就燒起來！」

「燒……可是，那松樹自己不也燒死了嗎？」

一陣陣風吹過松林樹梢的聲音，

像很遠處的、幽微的海浪聲，古人叫它「松濤」，

瓦幸說是松樹唱的歌……

「松樹皮比較厚啊！」我敲著身邊的一棵二葉松，「火如果不很大，別人燒死了，它可能沒事。萬一火太大了，就算它燒死了，它的松果裡面的種子，也就是它的孩子們，劈劈啪啪都迸出去，不是又可以搶先找到地方生長了嗎？」

「哇！比火炭母草還厲害，不只犧牲外表，連生命都可以為孩子犧牲耶，真是偉大的媽媽。」

「所以妳以後也不用送妳亞訶什麼母親節禮物了，妳也可以送松針啊。」

「對啊，我上次自己畫卡片、畫得好辛苦。」小女孩歪著頭，長長的睫毛眨呀眨的，「我如果送亞訶兩根松針當禮物，不知道她會不會很感動？」

「感動？可能是感冒吧？說不定會踢妳屁股呢。」我作勢一踢，瓦幸卻早已像風一般的溜走了，只有響亮的笑聲，像滿地松針一樣撒落在林道上。

親愛的瓦幸：

有一位妳很喜歡的自然生態作家，叫做劉克襄，他曾經說我很厲害，竟然能把二葉松和五葉松的分別，講成佛教徒和回教徒的差異，真是太有趣了！記得我當初也講得妳呵呵笑，還有松樹是偉大媽媽的三個原因，妳應該都還記得吧？

其實松樹還有一樣厲害的，就是它的樹皮都裂成一塊一塊的，這並不是為了好看，是因為樹幹持續生長而樹皮不長了，就像衣服被脹大的身體「撐」破了一樣，變成一塊一塊的。

可是這一塊一塊也有好處喔！妳知道象鼻蟲嗎？牠們最喜歡鑽到松樹的樹幹裡，吃松樹的心了，好在螞蟻常常在松樹上巡邏，看到象鼻蟲就會群起而攻，把牠吃掉，也替松樹解除了心腹之患。

但是象鼻蟲很聰明，牠在松樹上打洞之後，會用木渣和口水把洞封起來，這樣牠在洞裡大吃樹心，而巡邏的螞蟻卻看不到牠，那豈不是整棵松樹都變成牠的吃到飽自助餐了嗎？

好在松樹的樹皮是一塊一塊的，哪一塊有象鼻蟲鑽洞躲在裡面，那塊皮就會自動脱落，樹皮一掉下來，洞口也就露出來了，哈哈！螞蟻馬上可以發現象鼻蟲，立刻把牠幹掉，松樹就不必忍受椎心之痛，以及無法出聲呼救的無奈了。

妳想，樹皮如果不是一塊一塊，而是一整塊完整的話，怎麼可能全部脱落（如果這樣松樹自己會死掉，因為樹皮是輸送水分的）來讓螞蟻抓走象鼻蟲呢？大自然的安排是不是太巧妙了？

還有，妳馬罵是不是太會講解了，嘻嘻。

註④：回教徒所謂的「一夫四妻」其來有自：其實是因為阿拉伯世界連年征戰，造成大量寡婦，而當時回教婦女多無獨立謀生能力，為了照顧她們生活，才有讓一個男人可以娶四個妻子的「風俗」，而且他必須完全平等對待所有妻子，例如大太太有一棟房子，那麼其他每個太太也都要有一棟房子，和一般中國傳統的「三妻四妾」精神完全不同。目前回教徒絕大多數也是一夫一妻，在此引用，只是為了便於記憶的趣味說法而已。

植物也要保護自己

「植物要保護自己是沒錯，可是讓人這麼痛，自己不就很毒嗎？」

「其實每一種植物為了保護自己，多多少少都有一些毒性。毒就是藥、藥就是毒，像咬人貓據說就可以治糖尿病和風溼……」

隨著天色漸漸暗了下來，泰雅小妹妹瓦幸的腳步似乎也變得沉重了，走了一整天的步道，再多的新奇也會漸漸褪色，我得想法子讓她振作起來。

「咦？有貓！妳看見了嗎？」

「真的嗎？在哪裡？」她立刻停下腳步、東張西望。

「喵……」我偷偷背著她學貓叫聲。

「不會又是那個愛學貓叫的紅嘴黑鵯吧？」

「不會不會，我真的有看到呀，在那邊！」隨著我手指處，似乎真有一個黑影迅速掠過，瓦幸追了過去，不久又悵然而返，「哪有貓？你看錯了啦！可能是松鼠。」

「真的是貓啊，妳看！」我指著腳邊一叢邊緣呈鉅齒狀、葉片上布滿顆粒，長相頗為「猙獰」的植物。

小女孩低頭一看，「哎喲！是咬人貓啦！大驚小怪，」抬頭狠很瞪我一眼，「你又騙我！」

「咬人貓也是貓呀，我又沒說是動物，可是妳不覺得植物這樣想辦法保護自己，也是很可愛的嗎？」

「保護什麼？咬人貓只會咬你們，它是不會咬泰雅的。」瓦幸說著，竟然伸手去碰觸葉片，我趕緊阻止，曾經被它纖毛深深刺進皮膚，我可知道那種又痛又麻的感覺，「真的不會咬我啊，你看。」她除了用手碰，竟然還調皮的伸出舌頭去舔咬人貓的葉片，「不可以——」

我驚呼出聲，瓦幸卻抬起頭來，一臉得意的笑，「哈哈！騙到你了吧？」

我驚魂甫定，才想起它的纖毛是向外長的，如果順向去碰，或是沒有毛細孔的地方，應該不會被扎痛，但這也太冒險了，「妳……怎麼敢？」

「小時候我亞爸就表演給我看過了，嚇到你了吧？誰叫你剛才騙我！」她還一副理直氣壯的樣子。

「好吧，那我們誰也不欠誰囉。我問妳，萬一真的被咬人貓咬……我是說刺到該怎麼辦？」

「那簡單！把姑婆芋的莖搗碎了，擦那個汁液就可以了。」

「可是姑婆芋通常長在海拔比較低的地方，像我們這裡比較高，根本沒有姑婆芋，那怎麼辦？」

「那……」她欲言又止，「就用那個啦……」

「童子尿，對不對？」這下我又有故事講了，「有一次我在國家公園帶隊，向遊客講到這裡的時候，就跟其中一個國中生說：『我們裡面如果有人被咬人貓咬了，就只好拜託同學你了。』結果他居然很慌張的說：『我不行、我不行。』大家都偷偷忍住不敢笑，反而是他媽很生氣的問他：『你為什麼不行？你為什麼不行？是不是你已經……』」

「哎呀，因為他已經不是兒童了，當然不行嘛，這個不好笑。」瓦幸連連擺手，我也不好再多解釋，也許過幾年她還記得這件事的話，會噗嗤而笑也說不定。

「其實不一定要童子尿，只要有尿裡面的阿摩尼亞就行了。如果被蜜蜂叮了，也可以用這個祕方呢。」

「噁，臭死了。」瓦幸又吐舌頭，又捏鼻子，「還是不要被咬比較好，像這種會咬人的植物還很多嗎？」

腳邊一叢邊緣呈鋸齒狀、葉片上布滿顆粒，
長相頗為「猙獰」的植物，就是咬人貓。

「有啊，還有一種蠍子草，葉片比咬人貓長，看起來也是這種有點可怕的；另外還有咬人狗，不過它不是草，是一種樹，長在海邊的。」

「植物要保護自己是沒錯，可是讓人這麼痛，自己不就很毒嗎？那到底該叫它們植物，還是毒物呀？」

「其實每一種植物為了保護自己，多多少少都有一些毒性。毒就是藥、藥就是毒，毒也可以殺死一些細菌和病毒，可以治療疾病和傷口，像咬人貓據說就可以治糖尿病和風溼，另外還有很多藥草……」

「有啊，亞爸他們以前去打獵的時候，也常常拔一些草，嚼一嚼，就可以塗在傷口上。」小女孩又是眼睛一亮，「我知道了！所以課本上有神農氏嘗百草的故事，他就是要自己親自試驗，哪些草是可以治病的。」

「沒錯，那妳知道神農氏死前說的最後一句話是什麼嗎？」

「最後一句？課本上好像沒有教耶。」

「告訴妳吧，神農氏死前說的最後一句話就是——」我翻個白眼，吐出舌頭，「啊，這個有毒！」

「哈哈哈！你又在吹牛了！」小女孩一邊咯咯笑著，一邊手舞足蹈的往步道那頭奔去，眼看要撲向一棵大樹——「瓦幸！停！不要動！」

她就像玩「一、二、三木頭人」般僵住了，轉過頭來看著我，「為、為什麼？」

「那是木荷，妳碰到樹幹的話，會很癢的。」

「真……真的？」她小心翼翼的後退，「又、又一個毒物嗎？」

「有一句話說：『木荷不可靠，餵狗會死掉。』我是不知道它有沒有那麼厲害啦，不過還是小心一點好。」

「哦，如此就感謝公子救命之恩了。」瓦幸對我拱手行禮，學著古裝電影裡的樣子，順手撿起了掉在地上、白底黃心的大朵花，「送你一朵花吧。」

「不行，隨便撿一朵花就當謝禮，不夠誠意。」

「好吧。」她把花朵別在耳際，咬著手指頭想了一下，「你知道還有一種山漆樹也有毒、碰到也很癢嗎？」我點點頭，「那怎麼辦？」我搖搖頭，瓦幸可得意了。

「告訴你哦，如果是我們泰雅啊，就要跟山漆交換名字。」

「換名字？怎麼換？」這下換我變成懵懂的小學生了。

「像如果是我呀，就要跟我碰到的山漆樹說：『你是瓦幸。』然後再指著自己說：『我是山漆。』這樣就交換名字、交換身分，我就不會癢了耶！」

「真的嗎？好神奇哦，這也是妳亞爸教妳的嗎？」

「還有啦，要把那個山漆的樹枝砍下來，用火燒，然後用燒的煙在身上薰一薰，這樣才真的不會癢。」

「嗯，聽起來像是先用心理治療，再用生理治療，這也是泰雅人的智慧呢。」

「喂，叫啊。」瓦幸忽然雙手叉腰對著我。

「叫什麼？」我一時還搞不清狀況。

「叫我亞爸啊，你不是說過『一日為師、終身為父』嗎？」

「我……」不等我回應，她早已笑得前俯後仰，像一隻離水蹦跳的小蝦，我無奈的聳聳肩、攤攤手，抬頭看見森林的上緣，第一顆明亮的星星已經出來了。

「木荷不可靠，餵狗會死掉。」

我是不知道它有沒有那麼厲害啦，不過還是小心一點好！

森林土地老公公

「森林白天吸入二氧化碳、呼出氧，這就是最大貢獻了。」

「什麼？呼吸就是貢獻？」瓦幸誇張的大叫。

「如果沒有植物來供應氧，地球上的氧氣早就被吸光了，還會有動物活得下來嗎？」

打開水瓶，喝了一大口水，正要舒展雙腳、大大的伸個懶腰，泰雅小妹妹瓦幸卻一把撿起我的登山杖，對著一大塊大岩石敲了幾下，「出來！你給我出來！」

「妳在幹嘛？石頭裡有蛇還是有蟲？妳也用不著那麼凶啊。」

「嘻嘻，」她調皮的看看我，「我是在叫土地公出來啦。」

我恍然大悟，「哦……你又看西遊記了哦？可是妳又不是孫悟空，妳最多不過是一個小豬……」

「豬什麼？厚，你說我是小豬八戒！」她舉起登山杖作勢打我，我也假裝跪地求饒。

「好、好，為了向妳賠罪，那我來演土地公好不好？」

「好啊好啊。」她高興的舉起登山杖，再度敲打大岩石，「出來！土地公出來！」

「來了、來了……」我從大岩石後面蹣跚的走出來，老態龍鍾，「我是森林的土地公，誰找我呀？」

「我是孫……瓦幸，我問你，你有沒有盡、忠、職、守呀？」小女孩一字字說得十分清晰。

「有啊有啊，我都有做好我的工作，請孫、孫使者回去稟報天帝，幫我加點薪水，最近景氣實在太差了。」

「嘻嘻，」瓦幸被我逗笑了，又趕快裝嚴肅、繼續演下去，「你都做些什麼？有什麼貢獻呢？從實招來！」

「喂——」我可不太苟同了，「從實招來是審犯人用的，我雖然只是一個基層的里長，妳也不能用這種口氣跟我說話吧？」

「好啦好啦，那你就簡單講，你有什麼用吧？」

「我？我的用處可大了。」我假裝捻一捻鬍子，「我這個森林白天吸入二氧化碳、呼出氧，這就是最大貢獻了。」

「什麼？呼吸就是貢獻？」瓦幸誇張的大叫，「植物本來就是這樣的，那我們動物吸入氧、呼出二氧化碳，難道也可以算是貢獻嗎？」

「可是妳想想看，所有的動物都需要氧，如果沒有植物來供應氧、尤其是森林來供應這麼多純氧的話，地球上的氧氣早就被吸光了，還會有動物活得下來嗎？」

「哦，這麼說你們森林還真了不起，只有等到晚上動物的活動減少了，才會吸一點氧去用囉？」

「沒錯！知道我的重要了吧？幫我倒杯水來！」我大搖大擺的坐下，小女孩也很配合，趕快遞了水瓶過來。

「那請問森林老公公，你還有什麼貢獻呢？」

「就是這個……水呀。」我指指地上的岩縫裡，從青苔間流出的涓涓細流，「天上落下來的雨水，平常飄起的雲霧，甚至晚上的露水，都會被森林的土壤、草木吸收起來，我可是一座大水庫呢！」

「水庫？」瓦幸的小腦袋搖個不停，「我只聽過翡翠水庫、石門水庫和萬大水庫，可沒聽過什麼森林水庫。」

「年輕人，妳錯了，你們人類都錯了。」我拍拍她的頭，示意她坐下，「挖水庫像用一個碗儲水，容量有限，而且水裡的泥沙越積越多，碗的容量也越來越小；妳有沒有發現，這幾年雨水並沒有特別少，卻常常鬧旱災？」

「對耶，我亞大在都市的家最近就被限水，害我去玩都不能洗澡……我知道了！」小女孩一躍而起，「所以需要森林，像海綿一樣把水吸住，乾旱的時候慢慢的放出來……」她靈活的跳過腳下的細流，「像這樣流到小溪裡、河裡、田裡……大家才會有水可用！」

「呵呵呵！妳真聰明，」我覺得自己越演越像一個白鬚老人了，「我還有一個本事呢，妳看這些山，要不是我，它們不知道有多少都已經倒下來了。」

「會嗎？」瓦幸懷疑的看著四周環繞的青山，「山在那裡站得高高的、直直的，為什麼會倒？」

「風吹雨打日晒都會倒呀，妳看，」我指給她看腳下許許多多盤根錯節的樹根，「是因為我們森林裡的這些樹，用樹根緊緊抓住山的土石，才能讓它們不會崩塌。」

「那如果我們把森林砍掉了，去種菜、種茶或是種檳榔，它們的根抓不住山，就容易有山崩、有土石流了？」瓦幸的語氣有點黯然，畢竟她知道自己家裡也是在山上種果樹的。

「不只這樣，我們砍了森林，修路、蓋房子，也都會破壞山，讓山一碰到大風雨就垮下來，又把馬路和房子都壓壞了，有時候還會壓到人呢。」

「對！所以我們要有更多的森林，才能保護大家。」她很快又振作起來了，向我這個

「對！所以我們要有更多的森林，

才能保護大家。」

假扮的土地公公深深一鞠躬，「謝謝森林老公公。」

「我做的還有很多你們不知道呢，我還可以調節溫度、溼度，你們才會有好的氣候，你不覺得每次到山上都特別舒服嗎？」

「對啊，我每次去山下亞大的家，住不到兩、三天就想回山上了，又溼又熱、空氣又不好……」

「那妳知道了我這個偉大土地公的偉大貢獻，如果妳再想得出一項，我就有獎品送給妳。」

「真的嗎？不准賴皮喔。」小女孩繞著我轉呀轉的，像一隻環繞大樹飛翔的小鳥，忽然停在我面前，「我知道了，因為有森林，才有很多葉子、花、果子和種子給小蟲吃、小鳥吃、還有松鼠吃，所以森林裡才會有那麼多動物，哇！原來大家都是你養的耶！」

「可不是嗎？小動物又可以供應大動物，大動物又可以供應人，瓦幸的祖先，以前也都是靠我養活的呢。」

「太好了！沒想到土地老公公功勞這麼大，我真是有眼不識泰山。」瓦幸居然「烙」起成語來了，看來西遊記還讀得滿認真的，「待我回到天庭，一定稟告玉皇大帝，幫你加薪……一塊錢。」

「喂，一塊錢有什麼用？妳太小氣了。」我高聲抗議。

「哎呀，你這個森林土地公過得那麼幸福，沒病沒痛，無災無難，那麼多樹木花草都和諧相處，夫……夫怎麼說？對了，夫復何求？一塊錢已經不錯了。」

「哇！妳還真是活學活用，真的要變成文學小博士了。」我大表讚嘆，小女孩也得意洋洋，我卻又嘆了一口氣，「唉，不過森林表面和諧，其實競爭也是很激烈的。」

「競爭？哪有？」瓦幸看著眼前的森林，確實是一片靜謐祥和，「它們動都不動，哪有在比賽、競爭？」

「孫使者有所不知，森林裡的土地、資源、養分都很有限，有那麼多植物都想在這裡生存，拚得可激烈呢！」我指著一棵棵高聳的杉木，「妳看它們，拚命的向上長，就為了早一點搶到陽光。」再指向旁邊繁茂的闊葉樹，「它們呢，則要儘量的伸展枝葉、搶占地盤。」在底下則是灌木叢和小草，「沒辦法往上的，就向下發展，盡量把每一個地方都填得滿滿的。」當然也不能漏掉蕨類和苔蘚，「不管條件再差，只要有一點小小的空間，都要想辦法活下來。」

「嗯，」瓦幸表情嚴肅的點點頭，「所以它們有的會纏在人家身上（指藤蔓類），有的會把人家的土地下毒（如松樹、杜鵑）……唉，沒辦法，大家都是為了混一口飯吃嘛！」

瓦幸認真的歪著頭思考，忽然如夢初醒，「咦？我們不是在演土地公嗎？怎麼演到這裡來了？」

「呃……因為土地公已經走了，不再附身在我身上。」我故意裝神弄鬼的抖抖身子，「現在我是妳的馬罵，要帶妳向偉大的森林致敬，走！」

「走！」瓦幸把登山杖還給我，高高興興的往前走，完全忘記了我還欠她一份答對題目的獎品。也或許今天我倆演的這場「戲」，就是大自然給她的獎賞吧。

親愛的瓦幸：

很久沒回到山上去了，也不知道你們家的果樹今年收成好不好，不過收到了妳亞爸寄給我的甜柿，吃起來那麼甜滋滋的，應該可以賣個好價錢吧！也希望妳今年的壓歲錢可以多拿一點，哈哈。

記得以前跟妳講到森林與山的關係時，我們知道了破壞水土的不只是種檳榔，還有茶園，還有果樹和菜園，總之大自然是很「清楚」、很「明白」的，這些原本不該出現在這裡的「人工」作物，就一定會破壞自然環境。

但這幾年，我的想法稍微改變了——其實破壞山林的元兇，應該是道路才對。當我們用機具在山上修建馬路時，就是在把一座山開腸破肚、斷手斷腳，這麼一來它首先就站不直了。而我們因為開路而挖掉的樹木，當然也就失去了鞏固土石的功能。本來在下雨時可以吸收水分的土壤，也變成了柏油路面，只會讓水流得又急又快。還不說那些挖路多出來的土石，有很多根本沒有載運到山下去，偷懶的包商和工人直接把它們推（丟）進河裡，下大雨時便更容易阻塞了河床……妳看，破壞山林的罪魁禍首，真的是人們不斷開發的道路呢！

而且，如果沒有這些道路，也就不會有人來沿路種水果、蔬菜或茶，當然更沒有路可以把這些產品運出去賣，那所有的「破壞」，不就自然不會發生了嗎？

我曾跟妳介紹過一個自然生態界的前輩，也就是陳玉峰老師，他曾經說，整條阿里山公路沿線茶園的產值，根本抵不上政府每年為這條路修復崩塌的費用。換句話說，是有一部分人因開路賺到錢了，但這些錢其實是全國的納稅人出的。

泰雅的長老說過：水來過的地方不能住，因為水還會再來。這就是原住民瞭解、尊重大自然的態度，所以我覺得不只是國家公園內禁止一切開發，我們還應該發揮這種「國家公園精神」，對於所有會破壞自然的、無法恢復的開發，都要慎重再慎重才好。

妳會不會覺得我又在碎碎念了？我只是想告訴妳，你們種的水果是花很大的代價換來的，一定要好好的珍惜，如果賣不掉吃不完，也千萬別丟掉，記得多寄一些給我。哈哈。

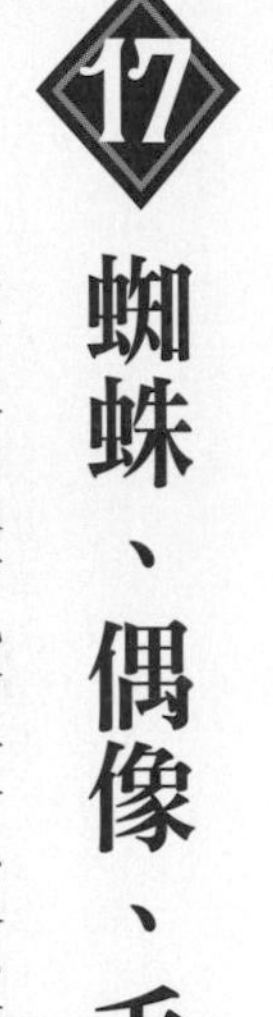

17 蜘蛛、偶像、毛毛蟲

都市裡的父母絕對無法想像小孩會把蜘蛛當偶像吧，
不是一臉嫌惡的避開，就是火速將之撲滅，
能夠玩玩「甲蟲卡」或許已是這些孩子和「自然」最親密的接觸。

正要走下步道陡坡的時候，剛好看見一面巨大的蛛網懸掛在山谷裡，反映著下午的陽光，一隻黑黃分明的人面蜘蛛，一動也不動的掛在那裡。山風微微的吹過，拂落我額上的汗珠，時隱時現的蛛網微微晃動，我一回頭，看見了泰雅小妹妹瓦幸那一貫痴迷的眼神，對蜘蛛。

「喜歡蜘蛛嗎？還是覺得牠很可怕？」

「才不怕！我覺得牠是最酷的，是我的偶像。」

都市裡的父母絕對無法想像小孩會把蜘蛛當偶像吧，不是一臉嫌惡的避開，就是火速將之撲滅，能夠玩玩「甲蟲卡」或許已是這些孩子和「自然」最親密的接觸。

「是嗎？那我來考考有關妳偶像的幾個問題，如果答對一半以上，我就給妳一百塊獎金！」

「好啊！」她正要歡呼，又露出不屑的表情，「誰稀罕一百塊？我要你……帶我走一百條步道！」

「嘩！妳好大的口氣！」我嘴裡嚷嚷著，其實心中暗喜，我還怕她跟我走步道走膩了呢，「好，第一題，蜘蛛網為什麼常是八卦形的？」

「我知道，為了……擋煞？」我雙眉一皺，卻看見她調皮的鬼臉，「唬你的啦！因為牠有八隻腳嘛，在網子中間一站，就可以偵測到四面八方的獵物了。」

「叮咚——答對了！第二題，既然蜘蛛網會黏住昆蟲，為什麼蜘蛛自己不會被黏住呢？」

「因為因為……我好像聽老師說過，因為蜘蛛吐的絲橫線不黏，縱線的才會黏，牠自己走橫線，就不會黏住啦？」

「應該說是經線和緯線才對，不過也算妳答對了，叮咚——第三題，那有些不規則狀、沒有經緯線的蜘蛛網，牠自己又為什麼不會被黏住？」

「對耶，像那些碗狀的、很密很亂、上面常有露水或是落葉的蜘蛛網，要怎麼分辨黏或不黏呢？這題放棄！」

「好，第三題放棄，嗶──第四題……」

「喂！」瓦幸跳了起來，「你要公布答案啊！不然我怎麼知道你自己會不會，你如果不會，就不能算分……」

「好、好、好。」我笑著看她瞪大的眼珠，「因為這種蜘蛛的腳上有纖毛，所以不會黏住，OK了嗎？好，第四題，蜘蛛沒有牙齒，牠要怎麼吃東西？」

「我知道！牠會在獵物的身上刺一個洞，然後打毒液、也可以說是消化液進去，把昆蟲的裡面變成液體，牠就像吃奶昔一樣，」瓦幸還做出用吸管喝飲料的樣子，「倏──就把牠吸乾了。」

「而且昆蟲的空殼放在那裡，還可以騙別的蟲又飛過來哦！答對了，叮咚──第五題，有很多被蛛網黏住的昆蟲比蜘蛛還大，蜘蛛怎麼有辦法幫牠『打針』呢？」

「咦？你沒看過嗎？蜘蛛就像捆工一樣，七手八腳很快就用絲把獵物捆成一團、動也不能動了！」

「叮咚──瓦幸真的太厲害了，要問妳難一點的，請問：同樣粗細的蜘蛛絲和鋼絲，哪個比較有力？」

「鋼絲？那當然是……」小女孩有點猶豫了，咬著自己的小手指，「鋼絲比較強吧？它是金屬的耶。」

「嗶——答錯了！同樣粗細的蜘蛛絲比鋼絲堅韌五倍，妳沒看過電影『蜘蛛人』嗎？都可以把人吊來吊去了。」

「喂，那是電影耶，又不是真的！」

「是電影沒錯，不過如果有那麼粗的蜘蛛絲，簡直就什麼都吊得動了，就像妳說的，蜘蛛最酷！」

「好吧……可是你不能出那麼難的題目，人家才小學生耶！」

「好吧……」我學著她的口氣，「第、哎，第幾題了？第七題，蜘蛛吐出來的絲，也就是牠的網，後來到哪裡去了？」

「絲？網？如果網壞了、或是蜘蛛要換地方了，那就會把舊的網丟掉……」瓦幸回頭看到我的表情，立刻改口，「不對，牠要吐出那麼多絲是很辛苦的，可以說是嘔心瀝血，所以不能隨便丟掉，牠會資源回收對不對？」

「叮咚——答對了！其實不一定是網壞掉或換地方了，有研究顯示：蜘蛛經常會把網吃回去，再重新吐絲織新的網，而且牠還會修正哦，例如某個位置比較常抓到蟲，牠就會把那裡的網織得更密一點……」

「哇！酷斃了！」瓦幸舉起雙手，一副向偶像歡呼狀。

「妳也很酷啊，怎麼想到要改答案的？」

「我看你的臉啊，要笑不笑的，我就知道一定是答錯了，不趕快改怎麼行？」

「真是個鬼靈精！」我捏捏她的鼻子，「妳看，這蜘蛛絲這麼寶貴，所以並不是所有的蜘蛛都結網的。」

「是哦？不結網也叫蜘蛛哦？那牠們吃什麼？」

「有的蜘蛛只結一小張網，用腳抓著，然後倒掛在樹上，有昆蟲在下面經過，牠就用網子一兜，抓到啦！」

「哈！那這種蜘蛛不是捆工，是漁夫。」

「還有一種蜘蛛，牠只用一根一根黏黏的絲，從洞穴頂上垂下來，昆蟲只要經過一黏住，牠就把線收上去了！」

「這個好玩！這個不是漁夫，算是……釣客對不對？」

「沒錯，還有的蜘蛛體型很大，像大蘭多蜘蛛，連小鳥都吃，根本不用吐絲結網。」

「嗯，人有百百種，蜘蛛也有百百種……對了，還有一種黑寡婦蜘蛛，聽說母的在交配的時候會把公的吃掉，真的嗎？」

「是真的，因為公蜘蛛的體型比母的小得多，所以牠求婚的時候都要小心翼翼，以免被對方一口就吃掉；新婚之夜更要戰戰兢兢，否則結婚紀念日跟逝世紀念日，就是同一天了！」

蜘蛛起初像是被震動嚇到了，匆匆往毛蟲方向前進，一碰到毛蟲，卻又迅速退後，再前進，猶豫了幾次，終於匆匆忙忙的離開……

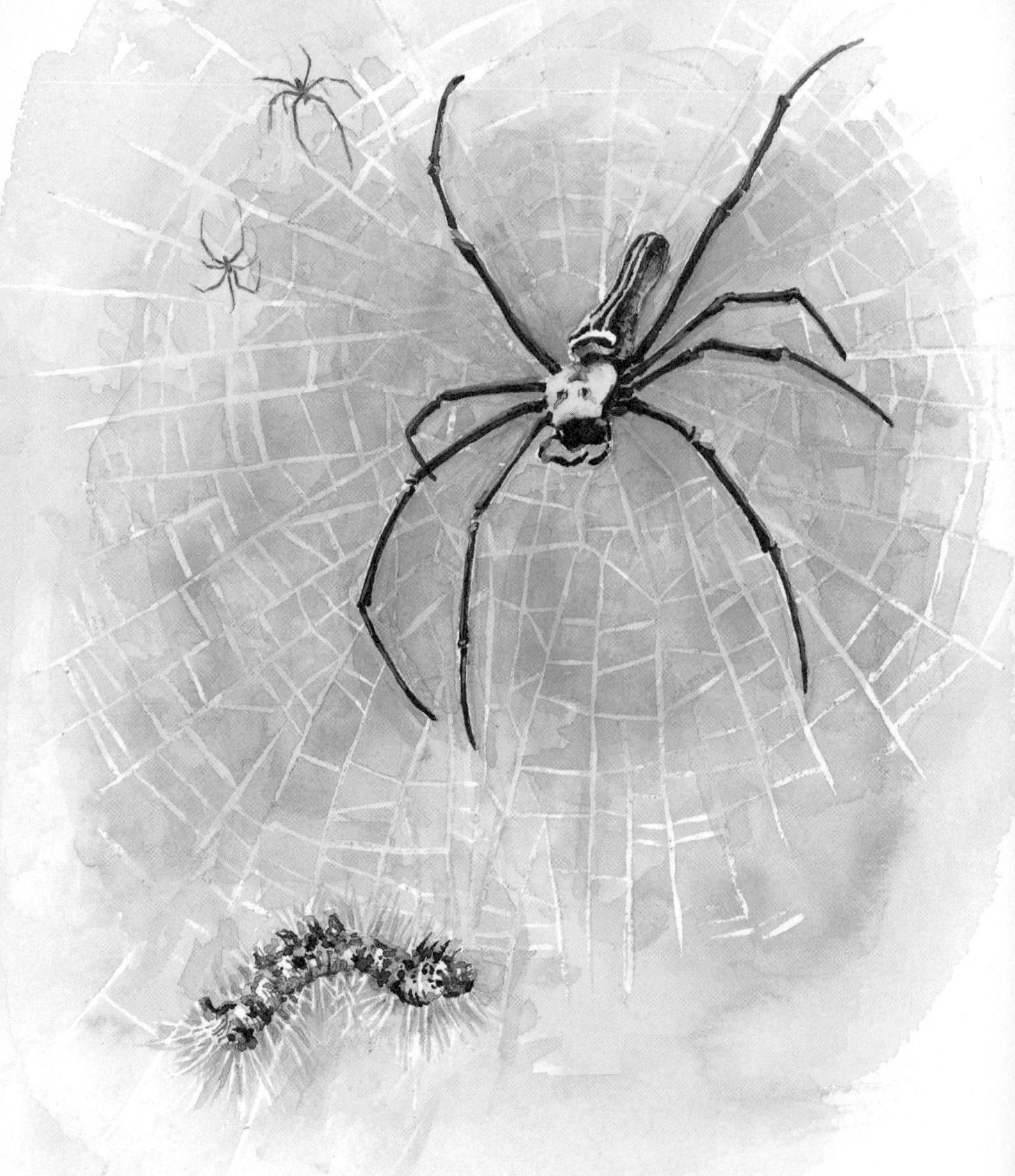

「好可怕哦！」小女孩誇張的縮起脖子，「這樣……好像酷得太過火了哦？」

「其實黑寡婦的公蜘蛛多少還有機會逃掉，妳看過螳螂吧？因為螳螂的頭會轉三百六十度，常常還在交尾的時候，母螳螂就慢、慢轉過頭來，一口一口，卡滋卡滋的把公螳螂吃掉，而公螳螂的下半身還在繼續交配……」

「好噁心哦！母螳螂為什麼那麼貪吃？公螳螂又為什麼那麼色、連死也要做？」

「其實不是的，公螳螂這樣子，一方面可以提供養分給自己未來小孩的媽媽，一方面也可以交配久一點、確定能有下一代。」我的語氣不覺變得嚴肅了，「對許多動物來說，生殖比生存還重要，也就是說：孩子的生命比自己還重要。」

「嗯，」瓦幸用力的點點頭，「我家養的母鵝只要有人一靠近牠的小鵝，就會凶巴巴的啄人家呢！」她的語氣似乎比我更認真了，「所以，動物和我們人類一樣，都是有母愛的，所有被母親辛苦養大的動物，我們都要愛護牠們。」

我忍不住鼓掌，這些話由她自己說出來，比由我來講、或是課本上來寫，意義都大得多，「不對啊！」瓦幸如夢初醒，「我們不是在做蜘蛛問答嗎？怎麼講到這裡來了？」

「對厚，好吧，反正妳已經答對這麼多題，我會履行諾言的，不過現在先來做一個實驗怎麼樣？」

「做實驗？好啊！做蜘蛛的實驗嗎？」

「對，妳看這裡有一隻毛毛蟲，」我指著地上的石頭縫，又指指旁邊灌木的枝椏上，「這裡有一個蜘蛛網，我們把毛蟲放上去，看蜘蛛怎麼吃牠好不好？」

「好啊好啊，我來抓！」小女孩毫不猶豫，撿起一片落葉挾住蠕動的毛蟲，輕輕放在蛛網上，我們老少兩個都趴跪下來，仔細注意著網上那隻蜘蛛。牠起初像是被震動嚇到了，停頓了一會兒，就興奮起來，大概以為有大獵物上門了吧，匆匆往毛蟲方向前進，一碰到毛蟲，卻又迅速退後，再前進，又退後，猶豫了幾次，終於匆匆忙忙的離開，而且可以說是落荒而逃，連辛苦結的網都不要了。

我和瓦幸一起拍掌大笑，「哈哈哈！牠嚇跑了，是不是沒看過那麼大隻的獵物啊？」

「還是因為毛毛蟲的毛太長太多，牠找不到地方打針？」

「原來妳的偶像蜘蛛，也有不酷的時候呀？」

「誰說不酷？我亞爸有說過：『打不過人家還不跑的，才是傻瓜。』這隻蜘蛛眼明手快，不做無謂的犧牲，這才是我的偶像呢！」

我無話可說，回頭看那隻毛蟲，牠正不慌不忙、慢條斯理的爬過已被放棄的蜘蛛網。牠雖然其貌不揚，卻是冷靜、沉著、臨危不亂，也許我也該為自己找一個自然界的「偶像」？

我認識幾種杉樹

「妳看這柳杉，樹枝都是向上長的，好像日本人高舉雙手在喊：萬歲、萬歲，這個就是日本杉。」

「臺灣杉的樹枝是向兩邊平伸的，末端還稍微翹起。」我擺出一個女孩子平舉雙手跳舞的姿勢，「像不像一個臺灣姑娘？這就是臺灣杉。」

眼前是一排又一排，一望無際的杉木，高聳入雲，而清晨的陽光就從雲隙照射過來，替一棵棵杉木鑲上金邊，繚繞的雲霧又在光影之間飄動，如夢似幻的景色讓我和泰雅小妹妹瓦幸都愣住了，半天說不出一句話來。

「嘩！好多聖誕樹哦！」小女孩終於張開雙手緩緩的說，白霧從她小小的嘴裡冒出。

「妳知道這是什麼樹嗎？」

「我知道，是柳杉！是我們臺灣最常見的杉樹。」

「是很常見沒錯，不過它可不是臺灣土生土長的哦。」

「金也嘛？伊不是正港的臺灣樹？」聽到瓦幸故意用不太純正的閩南語說著，令我忍俊不住。

「其實柳杉就是日本杉，它在日本長得很高很大，很多日本神社裡的柱子，就是用柳杉做的。」

「那請問它是什麼時候、乘坐什麼交通工具來到臺灣的呀？」瓦幸拿起水瓶當作麥克風，現場訪問我。

「就是日本占領臺灣的時候哦，日本人看到臺灣有這麼多高山，一定很適合種柳杉，就把它引進來了。」

「那請問臺灣自己沒有杉樹嗎？」

「有，臺灣本來就有一種臺灣杉，材質非常的好；可是日本人來了之後，就把臺灣杉叫做亞杉。」

「亞杉？亞軍的亞？這麼說日本人認為臺灣杉是第二等的杉了？那臺灣人會不太高興吧？」

「是呀，可是日本人硬拗說：這個亞是亞洲的亞，亞杉是亞洲杉的意思。」

「哇！這太欺負人了！」小女孩正要發作，馬上又想到重點，「可是臺灣人那時候被日本統治，就算不高興一定也是……我想想看，敢怒不敢言對不對？」

「沒錯！幸好這時候出現了一個民族英雄，幫臺灣人出了這口氣。」

「是誰？是莫那魯道嗎？」瓦幸高興的跳了起來。

「不是。」我左右搖動食指要她再猜。

「那是廖添丁！」

「也不是。」

「那是誰啦？你快告訴我！」她又著急了。

「是松鼠。」

「松鼠？」小女孩瞪大了眼睛卻皺起鼻子。

「沒錯，松鼠只咬柳杉、也就是日本杉的樹皮，卻不咬臺灣杉的樹皮，不是幫我們出了一口氣嗎？」⑤

「哈哈！太棒了！」瓦幸高興得拍掌大笑，不久又恢復一本正經的拿起水瓶訪問我，「那請問日本人在臺灣種柳杉，有成功嗎？」✉

「沒有耶！說也奇怪，柳杉在日本長得很好，但到了臺灣也許是水土不服吧，長個大約十年就變成黑心了，根本不能做什麼好的建材。」

「哈哈！黑心樹！活該！」她更加開心了。

「所以只好拿來做電線桿，後來電線桿改成水泥做的；就只好拿去做模版，也就是蓋房子用的『版模』（閩南話）；再後來連木頭的模版也很少了，那就只能用來做貼皮了，像我們昨天去的山莊，牆上貼的就是柳杉的皮。」

「哦？就是那個有一個個黑色圈圈的樹皮喔？有點醜耶。」瓦幸說完，自己吐了吐舌頭，「為什麼樹皮上會有那些黑色圈圈呢？是不是黑心樹生病了？」

「不是的，那叫做『節』，就是樹幹上原來長樹枝的地方，樹枝脫落以後，留下來的痕跡就叫做『節』。」

「樹枝就好像樹的手一樣，為什麼會斷掉呢？」瓦幸看看自己的雙手，「好險我的手沒斷掉。」

「妳知道樹為什麼會長樹枝嗎？對，就是要用樹枝上的葉子來吸收陽光，妳看這排樹，」我指給瓦幸看步道旁的一排杉樹，所有的樹枝都長在步道這一側，「因為這邊陽光比較多，他就把手伸到這邊來了。」

我再帶她走近一點，看樹幹上樹枝脫落後的「節」，「那樹不是要努力向上長吸收陽光嗎？當它長高的時候，比較下面的樹枝，就算還有葉子也照不到太陽了，這時候下面的樹枝就會脫落，高的地方再長出新的樹枝來。」

「我知道了！下面的手一直掉、上面的手一直長，杉樹越來越高、照到的陽光也越來越多……所以它的樹枝都是自己掉的嗎？」

「也有的是風雨吹打掉的，還有就是造林的人為了讓樹長得快一點，有時候也會把樹枝砍掉……」

「太殘忍了！」瓦幸又義憤填膺了，她的小腦袋瓜裡自有一把尺，「怎麼可以為了要人家長快一點，就砍人家的手呢？」回頭看到我一臉的無奈與無辜，她又擺了擺手，「算了算了，可是日本人種了這麼多只能貼皮的柳杉，那現在柳杉還有用嗎？」

「當然有啊，只要站在山裡面，一棵三十年的柳杉，就可以吸收兩百公升的水，它可是天然的水塔呢。」

「嗯，那好吧，」小女孩忽然自己敲了敲腦袋，「我想起來了，我的尤大史說過，山裡面不管是什麼東西，只要在那裡，一定是有用的。」

「對啊，」我微笑點頭，更欣慰這樣的話由一個小女孩的嘴裡說出來，「其實世界上所有的生命，一定都有它存在的意義和價值——喂，我這樣說會不會太深了？」

「知道啦，你一天到晚也在說這個。」瓦幸一副早已聽多了的表情，又想起了手上的水瓶麥克風，「那再請問，要怎麼分辨柳杉和臺灣杉呢？」

「很容易啊，」剛好步道旁併立著一棵柳杉、一棵臺灣杉和一棵香杉，「妳看這柳杉，樹枝都是向上長的，好像日本人高舉雙手在喊：天皇萬歲、萬歲，這個就是日本杉。」

一望無際的杉木，高聳入雲，
清晨的陽光就從雲隙照射過來，
替一棵棵杉木鑲上金邊。

「好好玩，萬歲！萬歲！」小女孩高舉雙手，稚嫩的喊叫聲遠遠傳來了回音。

「那像臺灣杉，它的樹枝是向兩邊平伸的，末端還稍微翹起。」我擺出一個女孩子平舉雙手跳舞的姿勢，「像不像一個臺灣姑娘？這就是臺灣杉。」

「馬罵你好三八哦！」瓦幸學我平伸雙手的舞姿，一邊咯咯的笑著，忽然把手收了回來，「哎喲！」原來她的手碰到臺灣杉的葉子了。

「哈哈，被刺到了哦，臺灣姑娘雖然漂亮，卻是恰北北（閩南話：凶巴巴）、會刺人的哦。」

「那我會分了，還有這個呢？」瓦幸指的是香杉。

「這個是香杉，又叫巒大杉，是外國人發現的，那外國人不是信教、拿十字架嗎？妳看它的樹頂上，」我指著香杉頂上一個個像是十字架的枝椏，「都是十字架，阿門。」

「阿你個頭啦！」小女孩又被逗樂了，「我看它們還比較像鹿角呢。」

「不管像什麼，只要記得住、會分辨就好了。」

「那、那邊那棵更高的呢？」她指著樹林較遠方高處，一棵更高大崢嶸的喬木。

「哦，那是鐵杉，其實它是松科的，你們泰雅人不是叫它亞爸樹嗎？」

「為什麼？因為它跟爸爸一樣又高又壯嗎？」

「另外也是因為它很硬，以前小學的課桌椅都是用鐵杉做的、可以用很久。還有就是鐵杉只要一被砍倒，它的樹皮就會一片片剝落，葉子會在一天之內馬上都枯掉，很有脾氣哦。」

「嗯，那還真像我亞爸呢。」瓦幸學著她父親兩手環抱胸前的樣子，「對了，這種樹上是不是會長靈芝啊？」

「是啊，妳怎麼知道？」小女孩總是讓我驚奇不斷。

「我有看過啊，靈芝一片一片長在樹上，然後還有猴子就坐在靈芝上面哦。」

「對啊，變硬的靈芝就變成『猴板凳』了。」

「猴板凳？哈哈。那……我要怎麼記住它叫做鐵杉呢？」

「妳不是已經知道了，就……跟鐵一樣硬嘛！」

「不行不行，要像剛才那樣：『天皇萬歲、萬歲的日本杉』，」她高舉雙手，又平伸做跳舞狀，「還有會跳舞、也會刺人的臺灣杉，還有……」

「好了好了，」我知道再來她就要比十字架、或是鹿角了，「妳看鐵杉的樹枝都是彎曲、有角度、而且看來很有力的樣子，」我忽然靈光一現，擺出大俠比武的姿勢，「像不像武俠片的俠客？這個武功最高強的，就是鐵杉。」

「耶，看掌！」小女孩也擺出俠客的姿勢，「很好，這樣四種杉我都記住了，為了感謝老師的教導……」

「怎麼樣？」我躲過她的一掌，回身打出一拳。

「賞你五塊錢！」她的動作好靈活，竟然從我腋下鑽過，在我背上用力打了一掌。

我一愣，小女孩已躲到一棵杉樹後面，露出一顆又黑又亮的眼睛，長長的馬尾晃啊晃的，像極了山林裡的小精靈。

註⑤：之後幾天，瓦幸突然問我：「可是樹皮很難吃耶，松鼠幫臺灣人出氣雖然很好，但是吃樹皮未免太可憐了。」

「松鼠當然不愛吃樹皮！是因為人工種植的杉林，全部都是同一種樹，松鼠找不到東西吃才咬樹皮的。」

「哦……人工種的樹是要用的，當然都是同一種樹，種樹的人還會把其他植物都除掉，可是這麼一來，可以吃的東西少了，裡面的動物也就變少了。」

「對呀，」我很讚賞小女孩在大自然裡培養出來的思考能力，「所以妳有沒有注意到：有很多雜樹的天然林通常很熱鬧，鳥叫、蟲鳴、青蛙聲都不斷，而人工種植的樹林，常常都是靜悄悄的，一點聲音也沒有。」

「呃，聽起來有點恐怖耶。」瓦幸調皮的做出起雞皮疙瘩的樣子，「那幹嘛還造什麼林呢？其實你不要管那個山，讓它們愛長什麼就長什麼，不是很好嗎？」

我微笑的點點頭，從「伐木」到「造林」到「任它生長」，或許正是我們人類一步步學習與自然相處的過程吧，我又想發出森林土地公的呵呵笑聲了。

親愛的瓦幸：

我現在去山上的日子比以前少多了，妳也轉到小城裡讀書，不知道妳是否還記得針葉樹有哪幾種？怎麼分辨？而最容易見到的杉樹，其中的三種又怎麼分辨呢？每次我在跟遊客解說，他們興致勃勃、哈哈大笑的樣子，就讓我想起當年妳在學著分辨柳杉、臺灣杉和巒大杉的可愛樣子。

每次跟遊客講到樹木，大家除了認同要愛護樹木，也都義憤填膺（這個成語不懂嗎？可以去查一下哦）的說，當年臺灣的樹都被日本占領者砍光了，說不定妳也是這樣想的？其實未必哦！

過去日本人來到臺灣的山裡，看到那麼多樹當然很興奮，所以就開始從本土運送許多伐木的機具過來，也開始修林道、建鐵路，像我們現在還有小火車可坐的地方，例如阿里山，例如太平山，都是為了運送木材而興建的，當初可不是要建給大家玩樂用的哦！

但是，當日本人萬事俱備，正要「大刀闊斧」砍伐森林時，卻傳來戰敗的消息，侵略者於是垂頭喪氣的回去了，來不及砍掉多少樹。反倒是當時的國民政府來了，一看伐木的各種條件都準備好了，高興得不得了，當下就轟隆轟隆的砍起樹來了！

也難怪，相比之下，其他作物至少要種一些時候才能開始生產，如果開了工廠，也要花費不少金錢和時間才有成品，而山裡的大樹卻是已經「現成」等在那裡，直接砍下來就可以「以材換財」了。不過，我們也不能從今天已經進步的角度來苛責當初那些下令砍樹的人，何況那時候臺灣的經濟還沒有起飛，人們最大的問題還是要填飽肚子，會迫不及待的砍樹，而且一砍就幾乎達三十年之久，我就請妳再查一個成語吧——情有可原。

好在專門砍樹的林務局已經不砍樹了，轉而變成經營很多森林遊樂區讓人們去玩。至於人工再種樹我覺得也沒什麼必要，大自然裡該長什麼、自然就會有什麼生長出來，不用「人工」的種植而是「自然」的生長，不是比較「自然」嗎？

對了，妳有沒有發現，「自然」作為名詞和形容詞，雖然意義不同，但又好像互有關聯，妳能不能在回信裡說明這個道理，我有獎品要送妳哦！

瓦幸是一棵赤楊

「樹怎麼會有美德呢？」

「因為它有很多用處吧，我們家自己蓋的房子，橫樑就是赤楊的樹幹……還有還有，它還可以用來種香菇哦，可以賣個好價錢！」

「瓦幸有沒有自己的樹呢？」走在司馬庫斯的神木步道上，清風迎面而來，陽光在枝葉間掩映，偶爾有幾聲清脆的鳥叫，心曠神怡的我忽然想問泰雅小妹妹瓦幸，這個很少人會問、也很少人被問的問題。

「有啊，我喜歡很多樹，不對，是所有的樹我都喜歡。」小女孩的兩眼發亮，臉頰紅通通的。

「不只是喜歡，我是說，如果妳是一棵樹，妳想當什麼樹呢？」

「我想當……」她指著路旁一整排綠意盎然的高大樹木，「赤楊。」

「哦？赤楊很美啊，所以妳才想當赤楊？」

「不是，是因為亞訝說過，赤楊是有美德的樹。」

「樹怎麼會有美德呢？」我拉著她坐下來，慢慢聊。

「好像……是因為它有很多用處吧，我們家自己蓋的房子，橫樑就是赤楊的樹幹；亞大說，她們小時候都用赤楊的嫩葉止血；我還看過亞爸把它的果子當檳榔來嚼，味道應該不錯吧；還有還有，它還可以用來種香菇哦，種的香菇又大又圓，可以賣個好價錢！」

看小女孩一口氣說這麼多，我忍不住笑了，果然是山上的孩子啊，「還有，你們部落的年輕人喜歡躲在赤楊樹下，一看飛鼠過來吃赤楊樹上槲寄生的果子，就——砰！」

「沒有啦！」瓦幸急得直跺腳，「那是很久以前，現在沒有人打飛鼠了啦！」她的眼神忽然暗了下來，「現在部落裡也沒有年輕人了，都是老人和小孩……」

「好好，我開玩笑的，妳知道赤楊還有什麼美德嗎？」

「還有啊？我以為這樣已經很厲害了。」

「有哦，妳知道赤楊還會自己施肥嗎？」

「施肥？」她的眼睛張得好大，嘴巴更大，「它又沒有手、也沒有肥料，怎麼施肥？」

「我們種稻子、種花種菜不是都要施肥才會長得好嗎？肥料的成分就是氮、磷、鉀，那其實空氣裡就有很多氮了，只不過這個氮是氣體、不是固體，而赤楊的根部呢就有一種固氮菌，它可以抓住空氣裡的氮，把它變成固體，也就是肥料，這樣不就可以幫自己施肥了嗎？」

「哇！太棒了！」小女孩忍不住直拍手，「原來我……我的樹這麼棒呀！」但又立刻停了下來，歪著小腦袋思考，「那我們部落這麼多赤楊，難道是……」

「答對了！」我忍不住又去拍拍她的頭，「以前的泰雅人在種小米的時候，就在旁邊種一塊地的赤楊；等到十年、十五年種小米的土地沒有養分了，就把旁邊的赤楊砍掉、放火燒一燒，用已經變肥沃的地來種小米；而原來種小米的地再種上赤楊……」⑥

「嗯，我們泰雅真是太聰明了，這樣既不用花錢買肥料，還可以永遠利用土地……」瓦幸忽然凶凶的瞪著我，「喂，你們為什麼不跟我們學一學，只會到處開墾、到處破壞、汙染……」

「是是是，以後不敢了，我的小公主。」我誠惶誠恐的樣子又把她逗笑了，「容小的再告訴你，赤楊還有一個美德。」

「還有？第一、用處很多，第二、自立自強，還有什麼美德？」

「妳看過赤楊的種子嗎？是有翅膀的對不對？所以只要風一來，它們就搶先飛去，一些崩塌的地啦、火燒過的地啦，或是比較貧瘠的地啦，就給它生長起來了，可以說是開路先鋒，也可以說是拓荒英雄呢。」

「嗯，赤楊真像我們泰雅，哦！不只我們，好像賽夏族的矮靈祭，也要用到赤楊呢，看來大家都喜歡赤楊。」小女孩抬起頭，瞇著眼看著高大的赤楊樹，卻又有了新發現：「咦？樹上那一球一球，好像女生燙的頭髮、又好像泡麵的是什麼？」

這回換我被逗笑了，「那是一種長在樹上的寄生植物，叫槲寄生，妳形容得還真貼切。」

「它長在赤楊樹上？可是我沒看見藤蔓啊，那它是怎麼上去的？難道它也會飛？」山上的孩子果然觀察敏銳、反應迅速。

「對啊，妳看一般的樹會長果子，鳥類或其他動物吃了果子，把果粒、也就是種子吐在地上，樹就可以發芽生長。可是這個槲寄生不是爬上去的，它天生就長在高高的樹上，妳說它是怎麼辦到的呢？」

「種子跑到樹上去？」瓦幸想不出答案，拚命的搔頭，像一隻可愛的小猴子，「怎麼可能呢？」

「好啦！告訴妳啦，這個槲寄生果子上面有黏液，是黏黏的，一般的動物根本沒辦法吃它，只有一種叫做紅胸啄花的鳥能吃，可是吃下去之後拉出來的種子還是黏黏的，牠只好用屁股在樹枝上擦呀擦的……」我彎著膝蓋、翹起屁股左右搖擺，逗得瓦幸樂不可支，「那種子就會『牽絲』（閩南話），像披薩上面的起司一樣，只要一黏到樹枝上，它馬上發

槲寄生的果子上面有黏液，
只有一種叫做紅胸啄花的鳥能吃，
吃下去之後拉出來的種子還是黏黏的……

芽、生長，就成功啦！」

「成功啦！不只赤楊很棒，赤楊家的客人也很棒！」小女孩正在舉手歡呼，忽然停下來瞪著我，「你剛才舉那個什麼例子，人家以後再也不敢吃披薩了啦！」

「啊——」我掩住張大的嘴巴，「那真是抱歉，那妳以後不吃披薩，我請妳吃槲寄生的果子好了。」

「果子？我才不要呢！萬一我的屁股被黏住，我不就要這樣擦呀擦的……」瓦幸學著我剛剛彎膝蓋搖屁股的樣子，還真像一隻胖胖、蓬蓬的紅胸啄花鳥。我一邊抬頭看著在風中搖曳枝葉的赤楊樹，心想這不只是瓦幸的樹，它也是所有泰雅的樹，或許更是所有原住民的樹吧。

真希望它們都能一樣的平安、成長、壯大啊。

註⑥：一位泰雅的耆老告訴我：他們不只種赤楊，還種香杉和楓香。在土地的淺層種香杉，可以保護表土；在中層種赤楊，可為土壤提供養分；在深層則種楓香，可以固根。每一種都有其特殊的用途，取之於自然又不耗盡、枯竭自然，這是泰雅族已漸流失、而平地人毫不重視的智慧，「屬於山的人都知道：只有山活得好，人才活得好。」他用低啞的嗓音這麼說著，夕陽的餘暉，映滿了他臉上深刻的皺紋。

寫一封信給瓦幸

親愛的瓦幸：

懸鉤子結果的季節又到了，想必妳在回家鄉的時候，會去那條我們熟悉的步道，一路上把懸鉤子的果子「吃到飽」吧？雖然那是在國家公園的範圍之外，我管不到妳（其實我自己也常忍不住那甜甜的誘惑），但妳邊吃也要邊想，果子可是植物的孩子，妳不能把人家的孩子都吃光哦！

調皮的妳一定會說：就算我不吃，鳥也會來吃，蟲也會來吃，幹嘛人就不能吃呢？因為人是萬物之靈啊！別的動物吃植物的果子是為了活命，人吃的果子只要人類自己種就行了，何必跟牠們搶呢？所以妳看大部分野生的果子都結得很多，結得小小的，就是希望每被吃掉一顆，就有一顆種子落地，可以發芽生根、繁衍後代，而且不見得都很甜哦！我們不是有一次試吃小鳥最愛的山桐子，結果苦得要命嗎？難道小鳥的味覺不同，愛苦不愛甜？我看是山桐子的詭計，看起來紅紅的很好吃，吃一口好苦，「呸！」的一下吐掉，種子就可以著地了啊！就算吃進肚裡了，頑強的種子也不會被消化掉，還是可以被帶到別的地方去長大呢。

但妳有沒有想過：剛才講的都是軟的漿果，那硬的堅果怎麼辦？像栗子、像胡桃，或是所有殼斗科（就是《冰原歷險記》裡的那顆果子啦！）的種子，獼猴或是松鼠、飛鼠來吃它，並不是吃果子，而是吃它硬硬的種子，而種子既然被咬碎吞下去消化掉了，又怎麼能再長得出來呢？這不是太奇妙了嗎？原來並不是所有的種子都會被吃掉，就像松鼠，即使夏天時滿地的栗子足夠吃，他卻知道冬天就不會再有栗子掉下來了，因此未雨綢繆（成語又來了，查吧！）先收集很多去藏起來，甚至埋在土裡，等到冬天地上沒有栗子時，再去找以前藏的栗子。可惜他記憶力不夠好，有些找得到，有些找不到，找不到的栗子就因為這樣而有機會在土裡長大起來了。

是不是很妙？妳想，如果松鼠不夠聰明、不懂得藏栗子，那栗子樹就沒機會長大；但如果松鼠太聰明，每一顆收藏的栗子都找得到，那栗子還是沒機會長大。大自然就給了松鼠「剛剛好」的智慧，讓栗子「剛剛好」可以傳宗接代，妳說這裡面是不是有像「上帝」、「老天爺」或者「造物主」的力量？實在是值得我們敬佩的呀！

誰才是外來種？

「外來種都一定是壞的嗎？」

「不能說是壞，它也是忽然被帶到不熟悉的地方，想盡辦法要活下去嘛。」

「有些不習慣的就自然消滅了，有些會慢慢適應我們的環境，那就叫做馴化。」

「我要問你一個，很嚴肅的問題。」

泰雅小妹妹瓦幸忽然這麼說時，嚇了我一大跳。

在我們行走山林步道的大部分時間，都是嘻嘻哈哈、輕鬆寫意，甚至亂開玩笑也有，雖然也不免提到一些自然、生態的觀念，但最多是「認真」，從來沒「嚴肅」過。

忽然聽到這麼鄭重的宣告，讓我想起自己的兒子第一次問我「我是從哪裡來的」那種既喜又驚的場景。

「好啊，妳說。」我儘量讓自己顯得輕鬆、和氣。

「我可以……不喜歡……一種植物嗎？」

我深深吁了一口氣，回想起當年拚命向兒子解釋人體構造、生殖原理……講了半天，他卻說道：「我們班同學有人說是彰化來的，有人說是高雄來的，我只是要問你：我是從哪裡來的，這樣而已。」

「當然可以呀！我們不可以傷害任何一種植物，但是……不喜歡，當然可以！就像班上也可能有妳不喜歡的同學，不是嗎？」

「因為你說，世界上所有的生物，我們都應該愛護，」她嘟著小嘴，似有無限的委屈，「那我就覺得我不喜歡一種植物，好像很不應該。」

「不會的，那麼多生物，也不是每一種我們都得去愛；不喜歡的我們也不要去傷害它，那就好了。」我小心翼翼，唯恐瓦幸難過，也想維護自己的想法，「告訴我，妳不喜歡哪一種植物？」

「就是它。」小女孩指著路邊一大片的，白色黃心的花朵，那可是全臺灣野地最常見的「大花咸豐草」呢。

「哇！是它呀？那妳不喜歡的對象，可還真不少呢。」

「討厭！不要取笑我啦！我又不是因為它到處都是才不喜歡它的。」瓦幸瞪我一眼，也不是真的生氣。

「我知道了！是不是因為它的種子外表像針一樣，常常黏在我們的褲子上，要花很長時間才摘得下來，所以妳才不喜歡它？」我自作聰明，「它也叫鬼針草……」

「我知道啦，我的平地同學還叫它『恰查某』呢，那是它傳播種子的方法，就像有的植物利用風，有的利用蟲，還有的會自己爆開呢，幹嘛這樣就不喜歡它？」

一番話說得我啞口無言，只好順著瓦幸的話，「對啊，那妳幹嘛不喜歡它？」

「因為……」小女孩仍然欲言又止，「因為我記得以前的路邊有很多種不一樣的花，現在好像越來越少，都變成了這種大花咸豐草，和另一種紫色的花……」

「那個叫紫花霍香薊，就是它對不對？」我指著大花咸豐草旁，也是一大片一大片的藍紫色花，「那我敢說，這是妳第二不喜歡的花了？」

「對耶，你怎麼知道？」她黑亮的眼睛又瞪得大大的，「那你猜，還有一種我不喜歡的花是什麼？」

「還有一種嘛……」我一邊沉吟一邊往前走，看到路邊一大叢盛放的紅色、橙色、白色的花朵，「應該就是這個——非洲鳳仙吧！」

「哇！偶像！好崇拜哦！」小女孩對我做出頂禮膜拜的樣子，又充滿好奇的盯著我，「你為什麼知道呀？」

「因為就像妳講的，現在路邊的花種類越來越少，幾乎就只剩下這三種，那妳一定統統不喜歡囉。」我把她拉到身邊，悄聲說：「其實我也不喜歡它們，我還幫它們取了外號哦。」

「真的？什麼外號？」她小聲發問，又狐疑的看著我，「這裡又沒有別人，你幹嘛講悄悄話、裝神祕？」

「噓……我怕它們聽到，會傷心嘛。」我指指路邊那些花，「我叫它們：臺灣三『賤』客。」

「三劍客？花也會演武俠片哦？」

「不是刀劍的劍，是下……是低賤的賤。」

「喂，這樣說人家壞話不太好吧？」她指著我的鼻子，又左右搖動食指，學著我平常「教誨」她的樣子。

「我說它們賤，就是它們很會長、到處長、什麼地方都長，所以才……滿賤的；至於客呢，是因為它們三個都是外來種，不是臺灣的土產，那合起來就叫做臺灣三賤客啦！」

「是這樣哦，」瓦幸點點頭表示「尚可同意」，但接著又搖搖頭，「那既然是客人，我們就應該好好接待它們，不是說以客為尊嗎？幹嘛又說人家是賤客？」

「呃……」看來這又得費一番唇舌了，我拉著瓦幸坐下來，仔細告訴她物種的遷徙有其自然的法則，但如果是人為力量造成、忽然入侵的外來種，就有可能對當地的生態造成極大的傷害，「例如同樣原本都在臺灣的生物，大家相安無事，雖然某一種可能傷害另一種（例如動物吃植物，又例如植物互搶地盤），但另一種也會慢慢想出辦法來變化求生，最怕的就是忽然跑來的外來種，大家都還不習慣它，它已經劈里啪啦占了很多地方，把大家的生存空間都搶走了，這個客就是奧客，很可怕的啦！」

「那……那外來種都一定是壞的嗎？」

「不能說是壞，它也是忽然被帶到不熟悉的地方，想盡辦法要活下去嘛。」我小心翼翼的措辭，忽然覺得自己的口才變差了，「有些不習慣的就自然消滅了，有些會慢慢適應我們的環境，像妳喜歡的馬纓丹，就是南美洲來的客人，現在已經在臺灣過得很習慣，那就叫做馴化。」

小女孩張著小嘴聽得入神，給了我信心，講得應該不會太艱深無趣吧，「可是也有的外來種為了活下去，就特別的凶悍，像田裡常看到的福壽螺……」

「我知道！就是那個蛋是粉紅色、很噁心的！」

「對，福壽螺本來是有人引進來繁殖要吃的，後來發現不好吃、就到處亂丟，結果牠們長得超快，現在田裡到處都是，而且危害農作物、抓都抓不完，這種外來種就很可怕啦！」

「還有呢？還有誰？統統抓出來！」小女孩興致勃勃。

「還有水塘裡的布袋蓮也是啊，妳看它們是不是長得特別快、讓其他的水生植物根本沒有立足之地？」

「對耶，我亞大家前面的水池，她每次才清完那些布袋蓮，沒幾天又長得滿滿的，好慘哦。」

我看著瓦幸那麼「投入」的滿面愁容不覺失笑，再指給她看路邊樹上覆蓋滿滿的藤類，「還有這個小花蔓澤蘭也是，長得滿山遍野，讓原本的樹照不到陽光，都快被壓死了，雖然常常有人志願組隊去清除，但也除不完，這些外來種都會嚴重危害到臺灣的生態……」

瓦幸忽然示意我蹲下來，在我耳邊輕聲說：「那你叫那三種花是三賤客，怎麼沒給這三位取名字呀？」

我故意看看左右，好像怕被聽到，才小聲告訴她：「有啊，我叫它們……臺灣三害。」

「三害？哈哈！」瓦幸正要開懷大笑，又趕忙掩住嘴巴，「那古代有周處除三害，現在我們要怎麼除三害呢？」

「我也想了很久啊，」我搔搔腦袋，「最好是有一個研究機關發表報告，說是福壽螺加布袋蓮再加小花蔓澤蘭三樣一起煮，男生吃了可以強身補氣，女生吃了可以養顏美容，那以臺灣人的愛吃，一定會到處去找這三害來吃，或許就可以把它們徹底除掉了。」

「除掉……」本來張大眼睛聽得很認真的小女孩，這才發現我在開玩笑，「厚！你又在亂講了！一點都不嚴肅。」

「抱歉抱歉，」我趕忙打躬作揖，「小人才疏學淺，實在想不出什麼妙計良方，但由此可知，外來種之危害匪淺；所以政府不准我們私自帶水果、植物這些東西回國，也是有道理的，大家一定要體諒才好。」

「體諒什麼？是你自己老是出國，我可沒這種問題。」

「對啦，不過如果大家都有這種認知，例如不隨便走私外國的魚類進口，又胡亂放生到臺灣的河裡，就不會有那麼多臺灣本土的魚類，生存受到威脅……」就在我又忍不住

「苦口婆心」之際，瓦幸忽然用眼神阻止了我。

「我要問你一個問題，你不可以生氣哦。」

這下我有點緊張了，瓦幸的問題總是興味盎然，也讓我在思索回答之時自覺受益不少，怎麼會生氣呢？

我搖搖頭，又趕快點點頭，「好，絕不生氣，妳說。」

「我問你，對我們泰雅來說，你們算不算外來種？」

「啊……」我的嘴巴張得好大，卻好像錄影帶被停格了。

如果回溯臺灣歷史，從大陸渡海來臺的「客」人對本土的原住民侵占土地、掠奪資源、壓榨人力，直到今天包括泰雅在內的各族原住民仍是社會上的相對弱勢，不管平均所得、壽命、教育程度都遠遠落後我們，不管是幾百年前或幾十年前來的唐山人，和剛才講到的那些窮凶惡極的「外來種」，又有什麼兩樣呢？

「我……我們以前是真的不尊重這塊土地，亂砍樹、破壞環境，也不懂得好好對待原住民，讓你們吃了很多苦，可是現在……現在慢慢有變得比較好了，我們也在學習，也在改變，對不對？」我蹲下身子，直視瓦幸黑亮的雙眼，結結巴巴，但也很誠懇的想把話說清楚。

她原本板著面孔，真的是一臉「嚴肅」，卻突然「噗嗤」一聲笑了出來，「好啦，你不要那麼緊張嘛，就算是外來種，」她竟然揉了揉我的頭髮，「也已經馴化你們了嘛！哈哈哈。」

我深深吁了一口氣，抬起頭來，看到小女孩已經在開滿繁花的步道上，像一頭小小梅花鹿般飛奔而去，只留下一串串墜落在森林裡的笑聲。

它們三個都是外來種，不是臺灣的土產，

合起來就叫做臺灣三賤客啦！

寫一封信給瓦幸

親愛的瓦幸：

妳還記得我們討論過「外來種」的問題嗎？所謂外來種的生物會威脅到本土生物這件事，我現在又有了新的想法，「不惜以今日之我向昨日之我挑戰」，哈，先說了這句，妳就不能講我說話變來變去了。

有些外來種，像我所講過的臺灣三害：福壽螺、布袋蓮和小花蔓澤蘭，確實大大危害了本土原生植物的生存，但也沒有到讓我們完全滅絕的地步；有更多外來種像家八哥、像馬纓丹，不也都和本土生物和平共存，活得好好的嗎？像這種的我們把它叫做「馴化」，也就是它們變乖了，不會惡形惡狀的搶我們的地盤，只是客氣的「分一口飯吃」而已。

那麼我們又怎麼知道有一天那三害不會也被馴化了呢？那是不是就不要緊了。或者它們真的可以搶到位置，堅強的在「異鄉」活下來，我們又有什麼理由非要趕走它們，何況根本也趕不走呢？

我們常常強調「生物多樣性」的可貴，動植物的種類應該越豐富越好，因為這樣才能創造更豐饒的環境，而生物之間透過競爭，也才能把最優秀的留下來，並且把這個優秀的基因流傳下去……既然如此，我們又何必刻意排斥外來種呢？如果它太弱，自然留不下來；如果它很強，理當搶到一些位置；如果它能跟我們和平相處，那不是讓我們的世界更多元、更豐富、更有變化嗎？有什麼不好呢？

就例如說：臺灣原來有你們這些原住民，後來泉州人來了，漳州人來了，閩南人來了，客家人也來了，到後來全中國的所謂「外省人」都來了，這幾年東南亞的「新移民」也來了。大家剛相處時，難免有一些誤會、矛盾和衝突，但久而久之，互相了解、包容與合作，不是也都處得不錯嗎？更重要的是，臺灣的文化因為這樣變得多彩多姿了，「臺灣人」的不同基因也因為混在一起，而變得越來越優秀，臺灣就像一個自然產生的原始林，五花八門，什麼都有，不像只有單一種類的純人工林，單調乏味，一片寂靜，妳更喜歡哪一個呢？

來到臺灣的沒有外人，都是自己人，妳說這樣好不好？

竹子也有可以講的

「竹子無性生殖幾代之後，基因越來越弱、沒有競爭力，這時候它就會開花，有了新的後代基因之後，原來開過花的竹子全部都會死掉。」

「哇！好酷哦！難怪客家話說竹子開花是起癲，發瘋了才會自己找死……」

一陣清風吹來，碧綠的竹子隨風搖擺，發出咯咯的聲音。我躺在地上，看著竹葉掩映之間的藍天，忽然覺得睡意席捲全身……「嗶！」的一聲卻讓我驚跳起來，回頭看見泰雅小妹妹瓦幸，正笑瞇瞇的看著我。

「不可以打瞌睡，你又不是老人家。」

「誰說不……」我正要爭辯，她卻一撇嘴巴，「好吧，那老人家你睡吧！我先走了。」

「我才不老……」我一回嘴，發現又中了她的計，「對嘛！所以你不睡了，講話給我聽。」

「講什麼？」反正午睡泡湯了，我乾脆坐起來，左顧右盼，只見光影灑落在竹林間的美景，「講竹子好了。」

「竹子？竹子到處都是，有什麼好講的？」

「當然有！大自然萬物，什麼都有得講，那我問妳，竹子的年紀怎麼分辨？」

「看它的高度！」

「不對！妳看這竹林裡的竹子都是一樣高。」

「那看它的粗細！」

「也不對！同一種竹子不分年紀，粗細都是一樣的。」

「那……我知道了，看竹節的長短！」

「也不對！竹子除了最底下和最上面兩三節，其他每節都一樣長，怎麼看年紀？」

小女孩的嘴巴翹起來了，「那要怎麼分啦？」

「看竹子的表面啊，妳看，這些長著白色纖毛的、就是年輕的；比較綠的年紀就比較大，最老的就變黑、變黃了，這樣懂不懂？有沒有可以講的？」

「知道了，那竹子還有什麼特別的？」

「特別啊，竹子長得很快，有的竹子一個晚上可以長十幾公分，今天還是竹筍的，過幾天就長得高高的了。」

「對對，難怪我亞訝每次要去割竹筍都緊張兮兮的，她說如果晚去了，竹筍長太大都不好吃了。」

「對吧，還有竹子的根很會跑，」我指給瓦幸看地上的盤根錯節，「這些根不但會過馬路，還會過河……」

「過河？從河底下嗎？太誇張了！」小女孩做出更誇張的表情。

「如果河水不太深的話，真的會哦，所以常有人對住在國外的臺灣人說，不要在院子裡種竹子。」

「為什麼？竹子很好看啊，又很有臺灣的風格。」

沒想到小女孩也會說出「風格」這樣的話來，「因為竹子會從鄰居的院子裡冒出來，破壞了人家的草地，搞不好還會被告呢！」

「哼，外國人最喜歡告來告去了，我看電影裡都這樣演，不像我們泰雅，有什麼糾紛，只要頭目、或是耆老講幾句話，大家就都沒有意見了。」

瓦幸說的沒錯，那的確是一個令人懷念的時代啊，可惜已經被「外來種」政府用另一種制度全給破壞光了……我不想和瓦幸談這些，趕快引開她的注意，「其實妳有沒有注意到，竹子最厲害的一點是什麼？」

「答對了有獎嗎？一顆雪梨？」

「現在哪有雪梨？請妳吃甜柿好了。」

「好啊……」她咬著下唇沉吟半天，忽然臉上一亮，像朵初綻的花，「我知道了！竹子不結婚！」

「是嗎？妳是說竹子也和蕨類一樣、是無性生殖？」

「呃……一部分相同，你看，竹子不開花，直接就從竹筍長成竹子，我說不結婚沒錯吧？」

「但是竹子也會開花，那又是怎麼回事？」

「對哦，我是沒看過，但聽說竹子是會開花的。」

「沒錯，竹子是可以無性生殖，但是這樣就沒有基因的交換……」我一看瓦幸的兩道濃眉又往中間移動，趕快改口，「例如說，人為什麼要結婚呢？妳的亞爸很強壯，妳的亞訝很美麗，生下瓦幸就是既強壯又美麗，這就是不同的基因結合在一起的好處。」

「強壯、美麗，嗯，可以接受？咦？你為什麼不說我聰明？」

「聰明？妳以後嫁給我的小孩，那就是既強壯又美麗又聰明了。」

「誰要嫁給你的小孩！」小女孩圓圓的臉像染上晚霞一樣的紅了，「你又在亂講了！這和竹子有什麼關係？」

「有啊，竹子無性生殖幾代之後，基因越來越弱、沒有競爭力，這時候它就會開花，

碧綠的竹子隨風搖擺，
發出咯咯的聲音。我躺在地上，
看著竹葉掩映之間的藍天。

採用有性生殖來交換、強化基因，而且有了新的後代基因之後，原來開過花的竹子全部都會死掉。」

「哇！好酷哦！難怪客家話說竹子開花是起癲，那就是發瘋的意思嘛，發瘋了才會自己找死……」

「不能這麼說，」我趕快糾正，不，導正瓦幸，「生物為了繁衍下一代，有時候會犧牲自己，不能說是發瘋。」

「我開玩笑的啦！」小女孩有點不好意思，但臉上的酡紅已經退了，「那為什麼閩南話又說：『竹子開花人會衰』呢？」

「這就更有趣了，竹子開完花不是會結果嗎？結的果很像米粒，會吸引很多老鼠來吃，老鼠很快把竹子的果子吃完了，就開始去吃附近農家的米，那這些人不是很倒楣嗎？所以才說竹子開花人會衰，這可是老祖先的智慧呢。」

「哈哈，真好玩。」瓦幸一轉頭，馬上想到新的問題，「不對呀，竹子附近又不一定有人家，這又是你自己亂編的對不對？」

「才不是編的呢，難得我從老人家那裡聽來的。」這次換我瞪她了，「其實竹子競爭力不強、不容易自然繁殖，大概妳看得到有大片的竹林，都是人種的。」

「人種的？」瓦幸四顧我們所在的竹林，離最近的人家也有兩小時路程，又不相信了，「我知道竹子可以蓋房子、竹筍可以吃、剖開的竹子還可以當各種工具，可是人幹嘛在這麼偏遠的地方種竹子呀？」

「不是現在，是從前，來，我們來找找看。」我帶著瓦幸沿竹林邊緣走過去，果然看見半堵廢毀的石牆，說明這裡的確是有過人跡的，這下她才肯用力的點點頭。

「好吧，我承認竹子也有很多好講的，不過，有一個重點你沒講到。」對她的鄭重宣告我倒有點意外，「哦，是什麼？」

「是……」她忽然指向我的背後，而且一臉驚恐，「是青竹絲！」我蹦的一下跳得老高，感覺背脊一陣發麻，正在猶豫要不要轉頭，卻看見小女孩咬著手指頭，嗤嗤的笑著，「我是說，是青竹絲常常會掛在竹子上，要小心。」

「小心妳個頭！」我抓起一大把落在地上的竹葉向她撒去，小女孩也不示弱的撒回來，漫天黃葉就這樣在夕陽的餘暉中，閃爍著金色的光芒。

蕨類的嘉年華

妳覺得這像不像一個人剛生下來，對人生先是充滿了疑問，所以是一個問號；之後就很高興的張開雙手，準備迎接美好的人生；但等到長大之後，認清了人生的真相，就像這些蕨類一樣，黯然的低下頭去？

「植物一共有幾種？」

「呃……大概二十七萬種。」

「哪一種最多？」

「呃……我也不知道耶，」隨著我走山林步道的經驗越來越多，泰雅小妹妹瓦幸累積的自然知識也越多，更出現了越來越「深入」的問題，常常使我難以招架，畢竟我只是個半路、甚至已經四分之三路才出家的自然愛好者呀，「那……妳覺得呢？」

「我覺得是蕨類。」

「這麼巧！我也覺得是蕨類耶。」我故意誇張的大叫，她又露出那種覺得我是在「裝可愛」的表情，「可是在山裡面，我們常常看到蕨類，又常常沒看到蕨類。」

「你在說什麼呀？」她走過來伸手摸摸我的額頭，「是不是發燒、還是老人痴……」

她伸了伸舌頭，打住了。

我白她一眼，覺得自己真的有點「裝可愛」，「我的意思是，到處都有各式各樣的蕨類，很容易看到；但是因為它們太多、太平常、太不起眼了，所以又常常沒有注意到，安捏妳嘸瞭解麼？（閩南話：這樣妳瞭解嗎？）」

「嗯，好像真的是這樣，」瓦幸認真想了一下，笑了，露出雪白的牙齒，「那我們今天就好好來看一下，這個不太容易被注意的傢伙。」

「其實如果用心觀察，就可以發現蕨類好像孫悟空，會七十二變呢！」

「真的嗎？」說到小女孩最喜歡的人物，她的興趣就來了，「可是我看蕨類幾乎都是綠綠的、大同小異嘛。」

「誰說的？妳看這一種——樹蕨。」我指著步道邊的筆筒樹，「它可以長得很高，但是不會變粗，要有足夠的陽光，卻又喜歡陰濕的環境。別看臺灣到處都是，在很多國家可是根本都沒有、要在植物園裡才看得到呢。」

「真的哦？失敬失敬，沒想到你還很稀罕呢。」瓦幸調皮的向路邊的一棵樹行禮，那卻是桫欏（音ㄙㄨㄛ ㄌㄨㄛˊ）。

「那棵不一樣！妳看，筆筒樹的葉子，也不是葉子，就算是葉子吧，」我語焉不詳，撥開她又要伸過來摸我額頭的手，「會隨著樹體長大，一片片的剝落，留下像蛇皮一樣的痕跡，所以又叫蛇木。」

「而這個桫欏的葉子，也不是葉子，就算是葉子吧，」小女孩故意調皮的學我，「是不會掉下來的，只會乾掉變黑、像裙子一樣掛在樹體四周，所以又叫黑美人。」

「咦？妳都知道嘛！還裝傻！」我又驚又喜。

「喂，我不是只有你一個老師而已，別忘了，我是山的孩子。」小女孩得意的抬起了下巴，我越來越喜歡她充滿自信的樣子。

「好，那我們來比賽，說說看蕨類還有什麼樣子的？」

「還有住在樹上的啊，你看這棵大樹上一個一個的，都是山蘇。嗯，我最愛吃亞大炒的山蘇了。」

「愛吃鬼！我看到這棵長滿山蘇的大樹，覺得它好像是山蘇公寓，妳一定覺得是山蘇大飯店吧！」我故意笑她，「那妳知道，這種又叫鳥巢蕨的山蘇，為什麼不需要長在土裡呢？」

「握斧扣死（英文：Of Course）！因為它就像一個鳥窩，可以裝水，上面又有纖毛，可以吸收礦物質，當然可以不需要土壤囉！我還知道，凡是長在地上的山蘇，大部分都是人種的，因為要摘比較方便嘛！」

「嗯，瓦幸對愛吃的東西果然有研究。那這棵樹上還有一片片鋸齒狀垂下來的，叫崖薑蕨；一條條像帶子垂下來的，叫書帶蕨，怎麼樣？是不是變化很多？」

「這個才叫變化多呢！」小女孩指著樹幹上像藤蔓般攀爬的、一個個圓圓的綠葉，「蕨類居然還可以長成這個樣子，我知道它叫伏石蕨，不過它也會伏在樹上、伏在欄杆上，是可愛的小不點哦！」

沒想到瓦幸對蕨類懂得還真多，我得加把勁，「那妳有沒有發現，小不點有正圓形的、也有橢圓形的呢？」

「真的耶！」她張大了雙眼仔細觀察，「那也安捏？（閩南話：怎麼會這樣？）是小時候和長大不一樣嗎？」

「不是的，一個是它的營養體，一個是生殖體。」

「什麼啦？講太深，我不懂，是你的失敗耶。」

「呃……簡單的說，一個負責長大，一個負責生小孩，大家分工合作啦！」我趕忙應付過去，催她繼續。

「還有這種更神奇！」她指著一段枯木上長的，一片片像是樹葉的蕨類，「我以前還以為這是樹葉，可是又想樹葉怎麼不長在樹枝上，就直接長在樹幹或山壁上呢？後來才知道這個叫石韋……還是瓦韋啊？兩個怎麼分啊？」

這下換我小小「得意」一下了，指給小女孩看兩種蕨類背面的孢子群，「妳看這個孢子都是亂亂的，」又翻起另一片，「這個卻是整整齊齊的兩排，我們一看，就會說：哇（ㄨㄚˊ），好整齊哦，那這個就是瓦（ㄨㄚˇ）韋。」

「厚，你真的很吹牛耶，那另一種亂亂的就是石韋了？」

「這樣比較好記嘛，不過我們都只顧看這些比較奇怪的，反而是一般的蕨類，又被大家忽視啦！」

「也沒有啦！」小女孩倒顯得有點不好意思了，「我也有注意它們啊，像有一種長得像腎臟的腎蕨，還有一種兩頭尖尖中間大的縮羽金星，還有還有，我最喜歡這種背面是白色的瘤足蕨了！」

果然看到瓦幸翻起的蕨類，背面是白色的，「為何？」

「因為亞爸有說過，他們以前去打獵，注意，是以前哦，」這一句是特別提醒我的，「如果要做路標、做記號，就把這個蕨翻過來綁住，這樣等一下走回來的時候，就不會認錯路了。」

「對啊，所以我老覺得瘤足蕨應該叫留足蕨，就是留下足印的意思。那你知道我最喜

它可以長得很高，但是不會變粗；要有足夠的陽光，卻又喜歡陰溼的環境。

別看臺灣到處都是，在很多國家可是根本沒有……

歡的是什麼蕨嗎？」

「我知道！」小女孩立刻找到一大片、成多角狀不斷散開生長的蕨類，「這個是芒萁，它的葉子，也不是葉子，算了，不學你了，就是尾巴兩邊還有兩片，是可以一直再長出來的，所以可以這樣好像立體的擴散開來，勢力不小哦！比起別的蕨類一枝一枝的長，好像厲害多了。」

「說到長，妳看過蕨類長大的樣子嗎？」

「有啊，這裡就統統有。」瓦幸眼明手快，馬上找齊了各種「標本」，「一開始它就這樣捲著嘛，好像一個問號，後來旁邊又多出一枝，像一根叉叉，也像兩隻手；再後來捲著的葉片就展開了，然後……大部分頭就垂下來了，這一片蕨類裡面，這三個階段都有哦。」

「嗯，那妳覺得這像不像一個人剛生下來，對人生先是充滿了疑問，所以是一個問號；之後就很高興的張開雙手，準備迎接美好的人生；但等到長大之後，認清了人生的真相，就像這些蕨類一樣，黯然的低下頭去？」

「問號？雙手？低頭？」小女孩抿抿嘴、搖搖頭，「老先生，你未免想太多了吧？」

「也許是吧，妳還這麼年輕，不會懂的。」

「人生我是不懂啦，可是我更不懂的是，為什麼自然老師說蕨類是低等植物呢？就因為它們長得不吸引人嗎？」

「也不是低等啦！只是說它們比較原始、沒那麼進化。其實我覺得蕨類才厲害呢！它們會到處都有，就是因為有『三低』。」

「是哦？低等還不夠、還有三個低哦？」瓦幸故意開我玩笑，我就吊她胃口不說，直到她來拉我袖子。

「第一就是姿勢低，妳看森林裡大家都拚命往上長、搶陽光，它卻大多待在低低的地方、長的也多半低低的，反而多了生存的機會；第二個低是要求低，也不需要很多土壤、很豐富的養分，幾乎什麼環境都可以接受，就更有利它到處長了；第三個低是DIY……」

「喂，到底是高低的低、還是ABCD的D啦？」

「一樣啦，別那麼計較，我說DIY是說蕨類不必靠開花吸引蜂蝶來授粉、也不用辛苦散播種子，也就是說它不必結婚，自己就可以製造孢子來交配、生殖，這種DIY的方式要長長久久活下去就容易多了。」

「嗯，難怪在恐龍的時代，地球上就到處都是蕨類了。看來它們就是靠這三低，才能活得這麼久、這麼多呢。」

小女孩一定是想到電影「侏羅紀公園」的畫面了，但她想的還不只這些，「那如果我們人在環境不好的時候，是不是也可以用這些三低：低姿勢、低要求、DIY也就是靠自己，就能夠活得比較好呢？」

「小女生，妳未免想太多了吧？人生我是不懂啦……」發現我在模仿取笑她，瓦幸已經一頭衝了過來，我用雙手擋住她的肩膀，像在對抗一隻固執的小蠻牛……

這或許是我們今天的「蕨類嘉年華」裡，最後一個節目吧。

「灰熊」厲害的地衣

「我覺得馬罵你也好像地衣哦。」

「哦……妳是在說我什麼地方都能吃能睡、適應力很強嗎？」

大老遠就看見泰雅小妹妹瓦幸繞著一棵栓皮櫟走來走去，不知道又有什麼新發現，我趕忙上前探問。

「這個樹生病了。」

「生病？妳怎麼知道？」

「你看它身上長這些一塊塊的斑，好可怕，一定是生病了。」

我愣了半晌，繼而哈哈大笑，這可惹惱了小女孩，大罵我沒有同情心。

「這不是生病，這叫地衣，土地的地，衣服的衣。」

「地衣？它是什麼東東呀？」

「是一種菌類和藻類的共生體，有綠的也有橘色的，樹上有石頭上也有。如果這是生病，難道石頭也會生病？」

「哦，到處都有，那就是大地的衣服，所以叫做地衣對不對？」瓦幸又在發揮她的想像力了，「它們都是這樣一塊塊貼在人家身上嗎？」

「不一定，妳看，有這種葉狀的，有的像鹿角、有的像雪花。」剛好這棵樹上有好幾種地衣，我一一指給她看，「也有殼狀的、看起來粉粉的，還有這種一條一條的……」

「咦？這個我認識！這不是松羅嗎？一條一條掛在樹上的。」

「沒錯！它也是地衣的一種。這個地衣可厲害了，它是菌類和藻類的聯合兵團，藻類負責行光合作用、製造養分，菌類可以固著在樹上或石頭上，吸收水分和礦物質，所以它就……天下無敵啦！」

「喂，別太誇張了，」小女孩舉起食指左右晃動，「每次碰到我不認識的，你就說得特別厲害。」

「真的呀！我跟妳說，它是超級生物，不怕冷也不怕熱，不怕乾也不怕溼，不管沙漠、雪山甚至凍原都可以活下去，像在南極有八百種植物，地衣就占了三百種，那些什麼都不長的地方，馴鹿吃什麼？就吃地衣啊。」

「什麼？是聖誕老人的那個馴鹿嗎？」

「沒錯！對了，我問妳，馴鹿吃地衣，那聖誕老人吃什麼？」

「吃……」小女孩的大眼睛轉呀轉的，「吃跑不動的馴鹿！」

「答對了！」開過小小的玩笑，我從地上撥起一片看似枯萎、白色的地衣，「妳看，如果生存條件太差，它還會假死哦！」

「假死？不是只有動物才會假死嗎？」瓦幸好奇撥弄地衣，彷彿它隨時會醒過來。

「地衣也會哦，它斷裂在地上，許久許久，也許哪一天環境條件適合了，它又會繼續生長呢！」

「哇！果然『灰熊』厲害，還有嗎？」

「有，它還是先鋒生物，本來不能生長植物的岩石，它的菌絲可以在裡面，把石頭崩裂成土壤，就有機會讓植物的種子發芽了。又例如山上的落葉，不是要靠昆蟲來分解、增加土壤的養分嗎？」

「可是如果太高的山上，沒有昆蟲怎麼辦？」

「沒錯！這時候就得靠地衣來分解這些落葉了，所以很多原先沒有植物的地方，地衣都是第一個到的！」

「哇！」瓦幸驚訝的張大了嘴巴，「那如果……那如果火星上有生物的話，第一個會不會就是地衣呀？」

「很有可能哦，」我嘉許的拍拍她的頭，她立刻閃開，瞪了我一眼，她說過我這樣很像在拍小狗，「還有啊，它還是指標生物，不是說它什麼地方都能長嗎，雖然一年可能只長一公釐，但有些卻可以活到好幾千歲。」

「我知道了，它是長壽的指標！」

「嗯，也差不多，最重要的是只要有二氧化硫，也就是空氣汙染的地方，它就完全活不了！所以人們還根據衛星拍攝到的地衣分布狀況，來判斷一個地方空氣的好壞。」

「哇！失敬失敬，原來你不是生病，反而是空氣很好的證明呢，我要趕快多吸幾口空氣才對。」小女孩又是舉手行禮，又是用力的吸氣，逗得我都笑了。

「那這個地衣這麼厲害，它……有沒有用呢？」瓦幸一邊看我的臉色，一邊趕忙解釋，「我知道，你說過只要存在這個世界上的萬物都是有用的，我只是想問一下，我們還可以拿地衣做什麼？除了餵馴鹿以外。」

這樣說我也沒得挑剔了，「有啊，除了作為空氣的指標，北歐人、北美的印地安人都拿它做染料，更重要的是醫藥用，聽說用松羅做的抗生素效果比盤尼西林還好，還有地衣酸在抗癌方面也有功效……」

「我就說嘛！」瓦幸得意的又蹦又跳，「生命力這麼強的傢伙，一定有很厲害的功能

地衣是超級生物，不怕冷也不怕熱，不怕乾也不怕溼，

不管沙漠、雪山甚至凍原都可以活下去。

嘛！」

這個道理似是而非，我也無從辯駁，想到銀杏、靈芝的功效，好像也有幾分道理……我正在沉吟，小女孩卻下了論斷，「我覺得馬罵你也好像地衣哦。」

「我？我既不厲害、也沒有功效，怎麼會像地衣？」我百思不解，繼而恍然大悟，「哦……妳是在說我什麼地方都能吃能睡、適應力很強嗎？」

「不是啦，你認真聽我說。」她的表情倒是滿認真的，不像要開我玩笑，「地衣不是菌類藻類共生的嗎，因為它們互助合作，所以才這麼厲害。那你啊，平常是一個作家，很會表達自己的想法；但你又是一個解說員，學了很多生態的知識；那你把這兩個一合起來，就可以向很多人介紹很多有關大自然的東西，就好像菌和藻合起來一樣，你就變得很厲害，也很有……功效囉！」

這下倒換我無話可說了，小女孩單純思考的一番話，卻正好述說了我這幾年行走山林的心路歷程。其實何止是我，所有擔任解說員的伙伴，不都是以自己本業的經驗智能，加上研習觀察的心得啟發，成為謳歌與護衛大自然的尖兵……

希望我們這些無所不在的地衣，真能遍布這生機勃勃的美好世界。

寫一封信 給瓦幸

親愛的瓦幸：

好像不只一次，妳問過我為什麼要來國家公園當解說員？我每次都開玩笑，「為了認識妳啊！」、「為了沒地方好去，沒事做啊！」、「為了來上免費的自然生態課啊！」……難怪妳每次都嘟著嘴，對我的答案不太滿意。那我今天就告訴妳我來應徵解說員的過程，算是對妳一個小小的彌補吧！

那時候我想來應徵雪霸國家公園的解說員，但又怕他們知道我是苦苓。因為「苦苓」那時候是很紅的電視廣播主持人、暢銷書作家，到處去演講，也拍了很多電視廣告……我在想，如果我是雪霸的人，看到苦苓的應徵信，一定會說：「怎麼可能？」、「他是大忙人啊！」、「一定是來亂的……」不相信我的「誠意」，一定不會給我面試的機會。

所以我就故意留長鬍子（那時已不再主持電視節目了），拍了一張長鬍子、沒戴眼鏡、不太像我本人的照片，也沒有在簡歷裡寫說我是苦苓，以及我做過的事，希望他們只知道是一位中年退休教師「王裕仁」（我的本名，別說妳忘了！）來應徵，而不會發現我是苦苓，不給我機會。

後來我才知道，他們一下子就發現我是苦苓，但仍然不動聲色的叫我去面試，簡單問了幾個問題之後，我就被錄取、通知受訓了，原來是不是苦苓，根本沒關係。妳一定會說我是「自作多情」吧？不對不對，這裡應該用「庸人自擾」才是正確的成語。

後來我才知道，原來國家公園的解說員，並不只是大家以為的、退休的老先生、老太太來擔任，至少在雪霸國家公園裡，解說員就有原任或卸任的政府官員、將軍、法官、醫師、企業家、教授、研究生……原來各行各業都有人因為對自然的熱愛而投身解說員的行列，所以對雪霸來說：苦苓算什麼？真的想來就來吧！

妳已經是一個小小解說員了，希望將來妳不管到哪裡去從事什麼行業，都不要忘了回雪霸來，和我一起擔任解說員哦！到時候，我就不是妳的「馬罵」，而是妳的學長了，不錯吧？

我們最寶貝的魚

「花這麼多錢、用這麼多人，就為了保護這個櫻花鉤吻鮭，真的值得嗎？」

「就像中國大陸的貓熊、澳洲的無尾熊，如果世界上從此沒有這兩種動物了，我們一定也會很失望不是嗎？」

「有了！有了！我看到了！」

泰雅小妹妹瓦幸在觀魚臺上高聲叫著，稚嫩的聲音響徹了七家灣的溪谷，也驚起一隻鉛色水鶇（音ㄉㄨㄥ），搖擺著橘色的尾巴飛開了。

我已經在大岩石邊的清澈水流裡，看見櫻花鉤吻鮭的曼妙身影，揮揮手向牠打招呼：「哈囉，小鮭鮭。」

瓦幸也學我的姿勢，「哈囉，茂伯。」

我差點一個踉蹌摔進水裡，「什麼？妳叫牠什麼？」

「叫牠茂伯啊。」她一臉調皮的樣子，「牠不是國寶嗎？茂伯也是國寶……」

「茂伯是國寶，國寶可不一定都叫茂伯，妳……」

「唉，我知道啦，」小女孩擺出一副「你又來教訓人了」的表情，「我只是奇怪，櫻花、鉤、吻、鮭雖然也是很漂亮的魚，但是看起來和鱒魚、苦花也沒有太大的不同，為什麼牠就是國寶，要那麼多人來保護牠呢？」

我沿著木棧道往前走，扶著欄杆繼續尋找魚蹤，「當然啦，鮭魚不是什麼太稀奇的魚，可是妳有沒有想過：世界上可以看到鮭魚的地方，都是在挪威啦、日本啦或是加拿大啦，也就是北邊很冷的地方……」

「對耶，那我們臺灣是亞熱帶耶，怎麼會有鮭魚？」

「所以在日本統治時代，在臺灣發現了鮭魚，報告到日本去的時候，他們還不相信，認為一定是日本人要吃的醃鮭魚掉到河裡去，被人家撿到的呢。」

「哈哈！日本人真好笑！」瓦幸的笑容在陽光下尤其燦爛，「不過也不能怪他們，一定沒有人想得出來，這些鮭魚是怎麼從寒冷的北方跑來臺灣的吧？」

「根據學者們的研究，可能是在很久以前，整個地球都比較冷的時候，這些鮭魚從日本和韓國之間的對馬海峽那邊游過來臺灣，後來氣候變化，臺灣的天氣變暖了，不適合鮭魚生存……」

「不對！」瓦幸立刻發揮小偵探的精神，「如果天氣變暖不適合鮭魚，牠們應該會……死翹翹呀？」

「但是剛好有些鮭魚是在臺灣的高山上，溫度比較低，其實和北方差不多，所以就活下來啦！妳知道這些小鮭鮭只要水溫超過十七度就生存不了嗎？」

「是哦，那牠們還真是劫後餘生……的後代哩，不簡單。」

「不只這樣，妳知道鮭魚是會迴游的，也就是牠在河裡出生，游到大海裡生活，最後又游回河裡、牠原來出生的地方，去生育下一代……」

「我知道！」小女孩的大眼睛又發亮了，「我在電視上有看過，牠們迴游的時候會用力跳向上游高的地方，有很多熊就等在那裡抓牠們。」

「對，鮭魚會迴游，但是我們的小鮭鮭比較懶惰，不是啦，是比較好命，牠們是不迴游的呢。」

「可是鮭魚從河裡游向大海是為了找更多的食物，應該是一種本能才對，小鮭鮭為什麼偏偏不迴游呢？」

「可能是那時候大甲溪的地形有一些變動，剛好斷了牠們游向大海的路，牠們就只好想辦法適應環境、在這裡定居了。」

「哇！好巧哦！」小偵探又開始分析了，「那時候臺灣的天氣已經變暖，高山上已經不適合牠們生存，如果不是剛好河川堵住了游不下去，那牠們游到海裡、甚至游到半路就死了，或者牠們沒有變成……要怎麼講？沒有演化成不迴游的鮭魚留在山上，那我們今天也不可能在臺灣看到這些小鮭鮭了，真的很難得耶！」

我無限欣慰看著小女孩，一顆自然生態的種子應該已經種在她的心裡了，「對啊，就是有這麼巧，全世界只有臺灣有這種櫻花鉤吻鮭，妳說寶不寶？」

「寶寶寶，再怎麼寶都應該，因為我們是幫全世界在保管、照顧牠們嘛。」

「沒錯，每次這裡颱風過後，全世界很多保育單位、研究中心常會來問：『現在櫻花鉤吻鮭還剩多少隻呀？』復育中心的那些替代役男，就要在研究人員帶領下，跳到冰冷的七家灣溪裡，去算還有多少隻小鮭鮭沒被颱風沖走呢。」

「那……我聽說為了牠們，國家公園還買了七家灣溪旁邊的很多果樹，那又是為什麼？」

「櫻花鉤吻鮭已經是那麼古老的生物，可以算是活化石了，凡是很老的東西都怎樣？很脆弱對不對？我們向農民買下那些果樹，是不讓他們施肥、撒農藥，免得汙染了七家灣溪這個小鮭鮭的家，其實這整條溪都是保護區，根本不准人靠近呢。」

「那如果出了七家灣溪，牠們就活不了嗎？」

「應該是吧，所以有人開玩笑說，七家灣溪口那座迎賓橋，對鮭魚來說根本是奈何橋。」

「哈哈！奈何橋。」瓦幸正要笑開，又皺起了眉頭，「那小鮭鮭只能生活在這一條溪裡，夠嗎？」

「還不到一條溪呢，七家灣溪本來不是有好幾個攔砂壩嗎？那就等於小鮭鮭的生活環境被切成好幾個小塊，人越少，不，魚越少就越難繁殖，所以為了牠們，我們還炸掉幾座攔砂壩，讓牠們的生活空間大一點、有機會多生一點。」

「嗯，你們這樣也算……怎麼說？仁至義盡了。」小女孩一臉煞有介事的樣子，「那小鮭鮭有越來越多嗎？」我還沒開口，她忽然露出一個詭異的笑容，「我先問你哦，魚在水裡面一直游、又不能停下來，要怎麼結……交配呀？」

「哈哈！這妳沒看過了吧，告訴妳哦，公的鮭魚發情的時候，顏色會變紅，嘴巴變成尖尖的戽斗，所以才叫做鉤吻鮭嘛，如果母魚看上牠了，就會用尾巴在河底的砂石上撥出一塊空隙，把卵生在裡面，公魚再射精在上面，互相根本不必碰到，就可以生小孩啦！」

「哼，講得好像你親眼看到似的。」小女孩有點不服氣，「你也是在影片上看的對不對，那古人說什麼魚水之歡，就是這個意思嗎？」

「這個……呃……」這下我反而有點咬到舌頭了，「妳剛才不是在問小鮭鮭有沒有變多嗎？我們有用人工幫牠們復育……」

「等一下！」小偵探又抓到漏洞了，「你們要怎麼叫公魚母魚在一起挖洞、產卵、受精呀，很難吧？」

「不會啊，就拿一個碗，把從母魚取出的卵放進去，再把公魚的精子放進去，像打蛋一樣攪一攪……」

「嗯，聽起來真不浪漫，」瓦幸抓著後腦勺，似乎還有疑問未解，「我聽復育中心的大哥哥說，為了復育這些小鮭鮭，他們常常要到水裡抓蟲來餵魚，等牠們長大了還要送到附近的溪裡去放流，花這麼多錢、用這麼多人，就為了保護這個櫻花鉤吻鮭，真的值得嗎？」

其實這也是許多人共同的疑問呢，我的智慧有限，只能對小女孩這麼說，「妳知道世界上只有臺灣有櫻花鉤吻鮭，那我們就要負責保管嘛，就像中國大陸的貓熊、澳洲的無尾熊，如果他們沒有保管好，世界上從此沒有這兩種動物了，我們一定也會很失望不是嗎？」

小女孩抬頭看著我，黑色的長髮在微風中搖曳著，她用力點點頭，「那妳也知道櫻花鉤吻鮭要在很乾淨的地方才能生存，如果有一天牠在臺灣居然活不下去了，全世界的人一定會說：『哇！臺灣那麼髒、髒到連幾隻鮭魚都活不了。』這不是也滿丟臉的嗎？」

「好，我瞭了。」瓦幸又擺出小偵探的派頭，說得頭頭是道，「櫻花鉤吻鮭會變成國寶，是因為牠生長在最南邊、最熱的地方、而且又是不迴游的古老魚類，我們要保護牠，是因為要證明臺灣是一個很乾淨的地方，而且很有責任、在替全世界保護牠，這樣正確嗎？」

「完全正確！」瓦幸真棒！我真想把瓦幸抱起來高聲歡呼，她卻示意我蹲下身子，「問你最後一個問題，戽斗的嘴巴為什麼叫做鉤吻呀？像鉤鉤我知道，那吻是什麼？」

「哦，像動物的嘴巴如果是突出來的，像狗啊熊啊，這個部分叫做吻。」我噘起嘴巴示範給她看，「所以如果兩人親親，也叫做接吻……」

「我知道了，那如果有人被你親了，就是——」

「就是什麼？」我倏地站起，早知她不懷好意。

「慘遭狼吻！哈哈哈。」小女孩風一般的溜走了，留下又好氣又好笑的我，站在溪水潺潺流過的觀魚臺上。

我在大岩石邊的清澈水流裡，看見櫻花鉤吻鮭的曼妙身影，
揮揮手向牠打招呼：「哈囉，小鮭鮭。」

做個小小解說員

「其實小妹妹妳有一招，才是天下無敵，連我都使不出來呢！」

「果真？那麼有勞前輩指點了。」

「當妳被問到不認識的植物時，妳可以說，哦，那個我們泰雅叫做『鼓力』、或者『撒拉流』，至於你們漢人叫什麼我就不知道了……」

泰雅小妹妹瓦幸今天有點反常。

她不再像往日一樣，在山林裡蹦蹦跳跳、對每樣事物充滿興趣；反而常常若有所思、眉頭不自覺的緊蹙在一起。我應該表示關心，但更希望她主動提起。當她對我在葉子裡找到的一隻象鼻蟲幼蟲也毫不關心之後，我不再保持沉默了，「怎麼了瓦幸？有心事嗎？」

她欲言又止，低下頭去，用指甲摳著膝蓋上結痂的皮。

「喂，」我蹲下來和小女孩面對面，「妳不是常說，泰雅的孩子最直，什麼事都不會吞吞吐吐、扭扭捏捏嗎？」

「沒有啦，」她終於勉為其難的開口，「是我亞大的民宿有一群客人，他們……他們要我做導覽。」

「為什麼是妳？平常不都是妳姨丈帶客人去玩？」

「是啊，可是我姨丈那天有事要下山，我亞大早上又要整理房間，她就叫我幫忙帶客人去走步道……」

「去就去！」我握起拳頭鼓舞她，「怕什麼？妳亞大家附近妳那麼熟，帶幾個人去走走有什麼困難？」

「哼，你說得容易，我又不是狗狗，只要在前面帶路就可以了，我總要跟他們說話、介紹、講解，很難耶！」

「對啦，妳年紀那麼小，又沒有經驗，」我得對瓦幸有同理心才行，「好吧，我教妳幾招，做一個導覽員，或者是解說員，首先就是要見人說人話、見——」

「見鬼說……」她正要接口，馬上被我噓了回去，「噓，我們怎麼可以說客人是鬼呢？我的意思是說，要先弄清楚遊客的特質，歐吉桑、歐巴桑有興趣的事，和年輕人當然不一樣，我們表達的方式也不同。」

「嗯，好像是一個老師帶著十幾個小學生來玩。」

「那太好了！妳也是小學生，溝通沒問題，妳只要講他們聽得懂的話就可以了，免驚免驚。」

「我……」第一次看到瓦幸有點怯生生的樣子，「可是我還是有很多地方不懂。」

「記住，當一個解說員不必什麼都懂，」我把她拉近，注視著她黑亮的大眼睛，「妳只要比遊客懂就夠了。」

「那……那萬一他們裡面有人比我厲害呢？」

「記住二，妳也不必什麼都比他們懂，只要妳想解說的部分比他們懂就行了。」

「對厚，」她恍然大悟，「是我講、他們聽，我就講我知道的就行了。」

「沒錯，妳可以一開始就告訴他們，妳不是他們的老師，妳只是這裡的主人，客人來妳家玩，妳就帶他們介紹一下妳家附近的特色，有什麼有趣的、好玩的，這樣就夠了。」

「好像不會很難耶，」她似乎建立信心了，眼睛開始發亮，背脊也挺直了，「那我要做什麼準備呢？」

「首先當然是計畫要帶他們去的地方囉，如果我去你們的部落，妳會帶我去哪裡玩呢？」

「去走後山那條步道啊，就是有很多櫻花、最後有一條小瀑布的，然後……就到部落逛一逛嘛。」

「好，那妳就先去，最好前一、兩天去把步道走一遍，看看如果加上停下來解說和大家自由活動、拍照的時間，大概要多少，這樣才能確定早上幾點出發、來得及回來吃中飯……或者是退房。」

「這個簡單，那我要在哪裡解說？一邊走一邊說嗎？還是看到什麼、想說就說？」

「不行，妳帶著十幾個人，邊走邊說，那就只有附近幾個人才聽得到，所以才要妳先走一遍，看看哪些地方比較特別的、有比較大的地方可以集合大家停下來、確定每個人都可以聽到妳，把這些解說點先記下來。」

「我知道了！例如可以展望我們整個部落的小山丘，還有那裡有好大好大的二葉松，還有一大片杜鵑花盛開的地方，都可以作為我的解說點。」

「對，一路上只要每隔一段路有一個解說點就可以了，妳還可以先想好在哪些地方大概要講些什麼。」

「我知道了！」瓦幸越來越起勁了，小臉頰紅通通的，「這樣先走過、想過，我就心裡有數了。」

「不只心裡有『樹』，」我故意用諧音逗她，「也要心裡有花才行，除了妳講，遊客也會問啊，所以妳先走一遍，看有哪些花開了，是不是都認識，不認識的就趕快去查。」

「只……只要認花嗎？」她很快又面有難色了，「你確定他們不會問樹、問草嗎？」

「嗯，以我多年……其實只有兩、三年的經驗啦，樹和草不一定會問，但花是一定會問的，所以花都要認得；長得比較特別、位置比較醒目的樹和草，最好也記一下。」

「那……那麼多植物，我哪裡記得住呀！」

「不會的，其實主要的、明顯的植物妳都認得了；如果怕記不住，我們就記地方啊，植物又不會跑，反正長在哪裡的，我就記住它叫什麼名字就行了。」

「嗯，我好像聽你說過，這叫做植物地理學，還真是……滿狡猾的。」一說完她就自己吐了吐舌頭。

「這叫智慧，不叫狡猾。」我嚴詞糾正，自己也忍不住好笑，「不過我們解說，不是只告訴人家這叫什麼樹什麼花、那叫什麼草什麼葉，這樣不是一點趣味都沒有嗎？」

「對啊，那不是跟在學校那個無聊的自然課一樣。」小女孩又吐了吐舌頭，「所以我們應該把這些植物特別的部分、有趣的部分、和我們有關的部分告訴大家才對。」

「沒錯！」我拍拍她的小腦袋以示嘉許，「讓大家知道植物也是有智慧、有感情的，會裝病、會詐欺、會耍賴、會自己施肥、會自我保衛、甚至會放火燒山……與其三言兩語帶過幾十種植物，不如細細解說讓人印象深刻的兩、三種，總而言之，要有趣就對啦！」

「那就把平常我們在山裡面講的那些，說給大家聽、就行了嘛！」瓦幸忽然頭一偏，眉一皺，「那萬一被人家問到我不認識的植物，怎麼辦？可以亂編嗎？」

「當然不行！」這下我可得嚴肅一點了，「知之為知之，不知為不知，如果在我們大概知道的範圍內，可以講一下可能是什麼科的、我再回去查查看；如果完全不知道……」

「那怎麼辦？那不是很漏氣？我就是擔心這個！」

「有啊，我也碰到過。我就跟遊客說：植物一共有二十七萬種，我不可能每一種都認識，既然你有興趣，我就……拿出手機，喀擦拍一張照片，再拿出筆記本，記下相關資料，等我回去查出來之後，再寄e-mail告訴你，可以請你給我e-mail帳號嗎？」

「哇！真是彬彬有禮、面面俱到，果然很狡……」幸好她立刻改口，否則一定要吃我排頭，「很智慧。」

「其實大部分人，不一定都那麼愛問，通常是因為解說得很無聊，他們才會不想聽、問東問西。記住了，妳要掌控局面，妳說，他們聽；而不是他們問、妳回答。」

「那……那他們就不可以問嗎？我在學校裡，最討厭那種不讓我問問題的老師了。」

「但妳不是老師呀！別忘了。」我再度提醒她，「不過妳可以問他們，來，給妳看我的祕密武器。」

「什麼？什麼武器？」我小心翼翼的從口袋找出一張有許多紅色圓點的貼紙，「有時候我帶隊，會故意提出問題問大家，例如這是什麼花呀、為什麼花蕊這麼長呀、它靠什麼傳播花粉呀，大家都會搶著回答，答對了，就給一張紅點貼紙，最後累積最多貼紙的，就送一個紀念品。」

「哇！你真狡……智慧，大家為了紅點，就會認真聽你講，而且搶著回答問題，就不會再亂問你問題，你也就不會有答不出來的風險了。」小女孩深深一揖，搬出武俠小說那一套，「前輩果然功力驚人呀！」

「豈敢豈敢，其實小妹妹妳有一招，才是天下無敵，連我都使不出來呢！」

「果真？那麼有勞前輩指點了。」

「就是啊，」我必須忍住自己不笑，「當妳被問到不認識的植物的時候，妳可以說：哦，那個我們泰雅叫做『鼓力』、或者『撒拉流』，至於你們漢人叫什麼我就不知道了！反正隨便說一個名字……」

「怎麼可以這樣！」小小的拳頭像雨點般打在我的肩頭，我自己笑得東倒西歪，「好了好了，我當然是開玩笑的，可是真的有原住民解說員這樣跟我講嘛！」

「對了，」瓦幸又想起什麼了，「植物是不動的好解決，那如果碰到動物怎麼辦？」

「那更好呀，蝴蝶啊蜻蜓啊，甲蟲啊竹節蟲啊，甚至螞蟻啊蜘蛛啊，不都很有得講嗎？如果能抓一、兩隻給他們看——記得不要弄傷、要放回去——大家一定很興奮吧？」

「那小鳥呢？鳥類那麼多種，我怕不認得。」

「不會的，你們一群人嘰嘰喳喳，又不是在清晨，能看到幾隻鳥？能看到的一定也是

小女孩興奮的站了起來，被夕陽拉長的身影

疊在我的影子上，

彷彿她在一個下午之間又長大了許多……

很常見的白頭翁、五色鳥、紅嘴黑鵯、黃胸藪眉……這些妳都很熟啦！」

「說的也是，我就不相信這些都市來的小孩，認得的鳥類會比我多。」瓦幸忽然縮起脖子看看我，「我這樣會不會太不謙虛了？」

「還好啦！反正妳師父我也不是很謙虛的，」說得我自己都想笑了，「其實一群人比較有機會的是聽到鳥的叫聲，妳可以告訴大家哪一種叫聲是哪一種鳥發出來的、牠長的什麼樣子、有什麼特性，萬一過不久他們真的看到那種鳥了，嘩！一定非常崇拜妳呢！」

「嗯，如果我再告訴他們，哪一株姑婆芋的莖是被野豬啃過的，哪一棵彎曲的樹枝有獼猴爬過，他們一定會覺得更加有趣吧？」

「對啊，說不定你們還可以撿到山羌的便便呢，妳可別跟他們說那是藥丸哦。」

「嗯～～我才沒那麼噁心呢，不過你這麼說一說，我好像比較有信心幫客人導覽了。」

「沒問題的，何況妳還可以跟大家介紹泰雅的習俗、傳說，帶他們到部落看你們的紡織、獵具和紋面的老婆婆，相信一定可以讓他們皆大歡喜、滿載而歸的。」

「真的嗎？那我就是一個名副其實的小小解說員了！」小女孩興奮的站了起來，被夕陽拉長的身影疊在我的影子上，彷彿她在一個下午之間又長大了許多……

花為什麼開得那麼美

「這種花白白的、又小小朵的，誰要理它？但是妳注意看其中有一些黃黃的、裡面裝滿花蜜的蜜杯……」

「有這些蜜杯，就算你不美也不香，蝴蝶也會自動上門來的。」

「這就是告訴我們呀，如果你長得不夠漂亮，服務就要好一點。」

春天到了，山裡面到處開滿了色彩鮮豔的花，讓人目不暇給，行走步道時經常得駐足讚嘆，泰雅小妹妹瓦幸更是熱情，只要看到一大片花海，乾脆就坐下、甚至趴下來看個過癮，我也跟著停下來陪她。

「怎麼樣？美嗎？」

「嗯，我今天才真的瞭解這句成語——心花怒放。」

「哦，是說妳的心也像花一樣盛開了？」

「不，是看到這樣盛開的花，我的心自然就打開了。」

「那就是山花朵朵開，心花也朵朵開囉。」小女孩可能不知道，此刻她的笑顏更像一朵春花，「那妳有沒有想過，植物為什麼要開花呢？」

「那還用說，」她白我一眼，「當然是為了結婚啊。」

「沒錯，所以花就是植物的那個、那個……」

「生、殖、器、官，我知道了。」瓦幸最氣我把她當小孩了，但她明明是，「所以植物才厲害吶，動物可以帶著牠生殖器官跑來跑去，找對象結……算了，還是專業一點，說交配好了，可是植物卻一動也不能動。」

我被她一副小大人的樣子給逗笑了，「所以植物一定要在它開的花上面下功夫，不然就可能絕種了。」我蹲下來，指給她看路邊的黃花鳳仙花，「妳看它的花朵底部有一根細細長長的，那叫花距，知道裡面藏著什麼嗎？」

「我常看到蜜蜂鑽進去，裡面一定是有花蜜吧？」

「沒錯。」我輕輕撥開花朵，「你看，這裡面有花蕊，上面沾滿了花粉，雄的花粉一定得和雌花接觸，才可能生育後代，這就是植物的結婚……交配方式啦！」

「我知道了，植物為了要蜜蜂蝴蝶幫它傳播花粉，所以把花蜜藏在花的最裡面，這些愛吃鬼為了吃花蜜，身上就會沾到花粉，從這一朵飛到那一朵，就幫它們交配成功啦！」

小女孩為自己的結論洋洋得意。

「對，因為有的花有雄蕊雌蕊，有的花有公有母，有的植物甚至也分公母，像你們家以前種的香蕉……」

「哈哈！我亞爸種了公的香蕉，好幾年都不會長香蕉，後來知道原因了，還被我亞訝笑了很多次……」小女孩每次講到爸媽的糗事就樂不可支。

「好，那不管怎麼講，植物要開花，得靠昆蟲幫它們傳播花粉來傳宗接代，可是為什麼每種植物的花都長得不一樣呢？大家都一樣不就好了，幹嘛那麼麻煩？」

「幹嘛那麼麻煩……」瓦幸的大眼睛轉呀轉的，站起在花叢中走來走去，自己就像一隻小蝴蝶，「我知道了！不同形狀的花，可以讓不一樣的昆蟲進去，這樣才能確定他會把花粉傳給和自己一樣形狀的花呀！」

「真是太聰明了！」我不禁舉起了大拇指，「對啊，要不然昆蟲沾了玫瑰的花粉去傳給百合，不就白搭了嗎？」

「哈哈，說不定會配出一種百合玫瑰來哦。」

「所以達爾文在一百年前，在非洲的馬達加斯加島，看到一種花距有三十公分長的蘭花時，他就斷言說這個島上一定有種蝴蝶或是蛾，牠的口器會有三十公分長。」

「喂，那太誇張了吧？我知道蝴蝶的口器可以捲起來像吸管那樣，但是三十公分不是比身體還長很多嗎？」

「結果在幾年前，國家地理雜誌拍到了，那裡真的有一種彗星蛾，口器真的有三十公分長。」

「太酷了！」小女孩伸伸舌頭，又捲了起來，「也對，如果沒有這種蛾，就沒有人能替這種花傳播花粉，那它應該也早就絕種了，啊不過……」

「不過什麼？」看到她的濃眉又皺了起來，我知道又有新的問題在那小腦袋瓜裡產生了。✉

「不過花要吸引蜜蜂蝴蝶這些昆蟲，就要靠漂亮的顏色、或是很香的花朵，但是如果不美又不香的……」

「對啊，妳看這個。」我指給她看路邊的冇（音ㄇㄡˇ）骨消，「這種花白白的、又小小朵的，一點都不吸引人，誰要理它？但是妳注意看，其中有一些黃黃的、裡面裝滿花蜜的蜜杯……」

瓦幸幾乎整個人都埋到花叢裡了，「對耶！有這些蜜杯，就算你不美也不香，蝴蝶也會自動上門來的。」

「這就是告訴我們呀，如果你長得不夠漂亮，服務就要好一點。」

「呵呵呵，馬罵又在搞笑了，那這種呢？」

我看到小女孩指的華八仙，又是一個現成的好例子，「這個花也很小、黃黃的、沒什麼香味……」

「什麼黃黃的？這明明是這麼大朵的白花！」

「看清楚，黃的才是花。」我把她拉近一點，「白色的叫做托片，連花萼花蕊都沒有，只能算是假花，妳看，上面還有好像是葉脈……」

「真的耶！啊！對了，聖誕紅也是一樣，那個紅色的也不是真的花，上面黃黃小小的才是花，它們幹嘛騙人？」

「不是騙人，是騙蟲，這樣遠遠一看，不是好像開了很多花嗎？還很像一隻隻翩翩起舞的蝴蝶，就可以吸引到幫它作媒的昆蟲啦，這就是告訴我們……」

「告訴我們，如果你不夠漂亮，就要會穿漂亮的衣服對不對？」

「嗯，可以這樣講；還有像杜鵑花有沒有，花朵裡面好像有人灑了紅色的液體在上面，妳知道那是什麼？」

「嗯，看起來好像……是花蜜嗎？」

「哈！騙到妳這隻小蟲了！對，那樣子讓它看起來好像花蜜濺得到處都是，其實並沒有，只是吸引蝴蝶的表面功夫而已。」

「那我又知道了！這就是告訴我們：如果你不夠漂亮，就要會打扮、會化妝，呵呵呵。」小女孩開心的笑了。

「說的也沒錯，那像這些小白花。」我指著樹上纏繞的臺灣何首烏，「以上的條件它們一樣也沒有，就只好儘量多長一點、形成一大片，好吸引注意囉。這又告訴我們什麼呢？」

「告訴我們，如果妳不夠漂亮，就要多幾個集合起來，像韓國女子團體WONDER GIRLS一樣？」

「哈哈哈！那可是妳說的，我倒覺得她們滿漂亮！」我放聲大笑，花朵們也跟著輕輕顫動，彷彿在應和我的笑聲，小女孩自己也覺得有趣，咯咯笑個不停。

好不容易停了下來，我又想到問題「考」她，「那我問妳，海芋是白的，不鮮豔，又不香，甚至還有一點臭臭的，那誰要幫他傳花粉呀？」

「對厚，我知道同學家種海芋是用人工授粉的，可是沒想過在自然界，誰要幫它傳粉呢？」

「計時五秒！五、四、三、二、一，嘟——沒有回答，」我用力向她吹一口氣，假裝是乾冰，「參賽者淘汰！」

「淘汰就淘汰，」小女孩嘟起了紅紅的嘴唇，「那你也要公布答案啊！」

「答案是——蒼蠅！」

春天到了，山裡面到處開滿了色彩鮮豔的花，
讓人目不暇給，行走步道時經常會駐足讚嘆。

「噁！髒死了！」瓦幸裝出嘔吐的樣子，「人家最喜歡海芋了，那麼聖潔、那麼高貴，居然是蒼蠅……」

「喂，妳不要種族歧視，蒼蠅也是有功勞的，還有不少植物靠牠傳播呢。那這又告訴我們什麼呢？」

「告訴我們……」她忽然露出詭譎的神情，一定又要耍詐了，「就是你如果不夠漂亮，就不要太挑，像我馬罵這種又老又囉唆的也可以……」

「妳——」我跳了起來，她卻早已飛奔到花叢的另一端，「你不要種族歧視，我馬罵也是不錯的，會走步道、還會講笑話，還會……你還會什麼呀？」

「還會老鷹抓小雞！」我一個箭步衝上去，抓住小女孩的衣領，把她提了起來，「看妳還敢不敢笑我？」

「不敢不敢了！皇上饒命！」瓦幸又在學電視上的耍寶了，我把她放了下來，安靜不到三秒鐘，又有話說了：「你年輕的時……現在也還年輕啦，」話轉得還真快，「以前更年輕的時候有送過花給女生嗎？」

「嗯，有啦，不過我都是用摘的，不是買的。」

「那還用說？你這個小氣……」看到我瞪她才又改口，「你很節儉啦。但是我還是要說羞、羞、臉。」

「送花有什麼好羞的？妳怎麼那麼幼稚？」

「當然羞啊！你不是說花是植物的生殖器官嗎？那你這個男生幹嘛拿生殖器官來送女生？」我正要分辯，她卻喋喋不休，「為什麼你不送樹枝、不送葉子、不送果子，偏偏要送花呢？」這個歪理需要導正，但我來不及插嘴，「那就表示你們男生送花就是想跟女生生殖嘛！對不對？羞不羞？」

我被小女孩一連串搶白弄得好氣又好笑，「也許是吧，不過如果瓦幸的亞爸當初沒有送花給妳的亞訝，那今天也就不會有妳這個可愛又聰明的小女孩啦，對不對？」

「嗯，好像是哦，」她終於想通了似的點點頭，一回頭又奔向那一大片盛開的花海，「大家加油啊！每一朵花都要繁殖成功，要養出很多很多可愛的小孩哦！」

一陣清風吹來，花朵們紛紛搖擺起身體，舞弄著身邊穿梭的蜂蝶，相信它們都聽到小女孩真摯的心願了吧。

親愛的瓦幸：

剛才吃了一根很好吃的香蕉，就想起妳亞爸以前種的、不會結香蕉的公香蕉樹，想到妳當時說到這件事的笑容，我也不由得開心起來。

但妳有沒有想過：所有的水果都有種籽，因為有種籽才能繁衍後代，可是我們吃香蕉的時候，它的果肉那麼大一條，卻沒看見種籽啊！那它要怎麼變成小香蕉、再長成為香蕉給我們吃呢？

其實香蕉已經「演化」到沒有種籽了，或者說就是我們人類把它變成這樣的。所以一棵香蕉樹不管結再多香蕉，都不可能自己長成小香蕉來，只有農民重新用它的根去種植，才會長出新的香蕉，所以我們幾乎也可以說，沒有野生的香蕉，都要靠人去種。

妳曾經問過我：「馬罵，我知道你會講國語，也會講閩南語和客家話，是很酷啦，但是有什麼用呢？」現在我就來告訴妳，國語叫「香蕉」的，閩南語叫「根蕉」，而客家語則叫做「弓蕉」。

妳看！「國語人」叫「香」蕉，是因為它真的很香，從它的氣味來取名字。客家人叫「弓」蕉，是因為它的形狀像一隻弓，從外形來取名字；而閩南人叫「根」蕉，就牽涉到我前面講的、種香蕉的方法，必須有「根」才能種這個「蕉」啦！

不同的民族，有不同的語言；不同的語言，就會有不同的思考方式。同一種水果，三種人就有三種不同的想法，也就有三種不同的叫法，而三種加起來，從香味到外形到種植方法，不就表達得很完整了嗎？可見得每多學習一種語言，就多學到一種不同的思考方式，妳也要加油啊！

不知道你們泰雅人是怎麼叫香蕉的呢？我聽過一個菲律賓土著告訴我說，他們叫的「香蕉」，意思就是「給猴子吃」的，這不是也很傳神嗎？希望妳下次回信（如果妳有那麼認真的話！），幫我問一問泰雅語的香蕉是什麼意思？我可以請妳吃糖做為酬謝哦。

什麼糖？當然是香蕉軟糖了，哈哈哈。

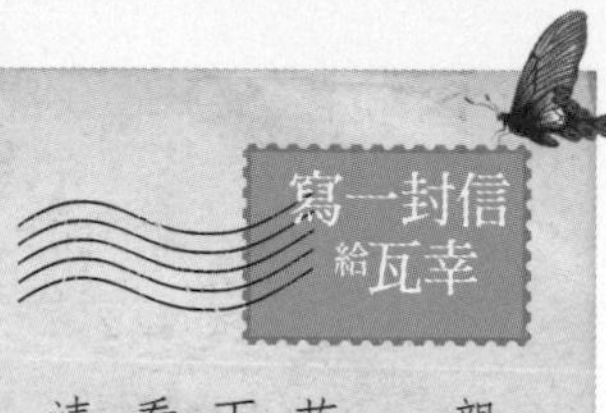

親愛的瓦幸：

有沒有人用花來形容妳呢？如果有的話，是紅花、白花還是綠色的花？妳一定不想當綠色的花吧！妳也知道花朵為了能將花粉傳出去，延續下一代，可以說是「無所不用其極」了，像紫色的牽牛花又叫「朝顏」，一看就知道它是白天開，尤其是一早上就開的；而黃色的夜見花，名字寫得很清楚，就是晚上才會看見它開花的呀！

為什麼這樣呢？名師出高徒的妳，一定知道因為牽牛花的媒介是蝴蝶，而夜見花的媒介是晚上才出來的蛾，當然要選對時間開花呀！還有一種鴨跖草更厲害，它只開一天花，如果沒有媒介來配對成功，它就用自己的雄花授粉給雌花，不麻煩大家了，很性格吧！

當然，像這麼「性格」的花不多，大多數的花還是要用鮮豔的顏色來吸引蜜蜂蝴蝶的。當然小鳥也愛吃花蜜，也可以是不錯的「媒婆」，但是小鳥比蜂蝶重一些，而小鳥對紅色又特別敏感，所以很多紅花都開得特別大朵，就是為了承載小鳥的重量，閩南語說「大蕊紅花」，原來是暗藏了這個道理在裡面。

而白色的花就只有靠香味了，所以一般我們聞到的白花都比較香。但是你也會發現，有些明明昨天聞著還很香的花，為什麼今天忽然就不香了？其實植物是很「務實」的，沒有用的樹枝會斷落，沒有用的葉子會掉落，而已經授粉成功的花，又何必浪費力氣再維持香味呢？就好像有些女生，找到老公之後就不再擦香水一樣——什麼？這個比喻不太好，有歧視女性的嫌疑？好，我收回。

至於那些褐色的、綠色的，長得一點都不起眼、更沒有任何香味的花，很簡單，它們是靠水、靠風來傳播花粉的，所以根本不必在乎色彩和香味，也不必擔心蜜蜂蝴蝶或小鳥看不上它們啦！

所以你看，我說妳是綠色的花，意思就是妳自立自強，不必依賴別人，漂不漂亮不重要，能夠活得好才重要，妳說對嗎？

蟲蟲都是小英雄

「既然知道昆蟲是這麼努力的、用盡一切方法來活下去，以後一定要善待所有的昆蟲，知道嗎？」

我倚老賣老，擺出一副大人的臉孔，瓦幸卻噗哧一聲笑了。

「是哦，今天是誰說要殺光所有的小黑蚊呀？」

「世界上數量最多的動物是什麼呢？」

在夜晚歇息的山莊，對著暮色將臨的森林，泰雅小妹妹瓦幸忽然這樣問我。

「嗯……如果不算細菌、病毒那些看不到的，應該是昆蟲吧！」

「那世界上種類最多的又是誰呢？」

「應該也是昆蟲吧，有一百萬種哦！」

「這個世界……地球，很早以前就有昆蟲了吧？」

「應該是吧，比人類的歷史要早多了。」

「哇！」她突然跳了起來，嚇了我一跳，「昆蟲為什麼那麼厲害呢？牠們那麼小……」

「哈！就是小，才厲害呀！」

「什麼？小才厲害？」小女孩停下來，看著我的眼光好像在看一個外星人，「當然是大的厲害，只聽過大欺小，沒聽過小欺大。」

「可是昆蟲因為身體小，需要的食物也比較少，不容易餓肚子，也比較容易逃過饑荒呢。」

「對厚，」她歪著小腦袋瓜想著，「比起恐龍一天要吃那麼多，昆蟲真是太容易活下來了。」

「所以恐龍絕種了，但是昆蟲還沒有。」我故意開她玩笑，「而且小才靈活呀，跟妳一樣。像跳蚤，一次可以跳二十公分，是牠身長的一百倍呢！」

「哇！那牠一定是奧運跳遠冠軍了。」瓦幸忽然發覺不對，「咦？為什麼說跳蚤跟我一樣？」

「唉呀，我只是舉例嘛。那說蝗蟲好了，可以跳一百五十公分，是牠身長的三十倍，也很厲害啊；還不說昆蟲都會飛呢，這點妳就比不上啦！」

「對啦，我覺得有翅膀還是比較厲害，容易找到食物、找到伴侶，還有……比較不容易被敵人抓到！」

「沒錯，又小、又靈活、又會飛，像我們在森林裡，連要看到牠們都很難，更別說捕捉了。」

「哈哈，你是說叮了你整條手臂的小黑蚊嗎？」小女孩故意捲起我的袖子，手臂上的包仍然又紅又癢。

「是啊，妳還說沒有小欺大，」我拉著瓦幸坐在一截枯倒的巨木上，繼續問她，「還有呢？昆蟲還有什麼絕招？」

「絕招……有了！」她的兩個大眼睛一亮，長長的睫毛眨呀眨的，「我們的骨頭長在身體裡面，牠們的長在外面，哇！根本就是鐵甲武士嘛！」

「沒錯，」我用讚許的眼光看著這個聰明可愛的小女孩，「骨頭當然比柔軟的皮膚和肌肉還不容易受傷，而且容易保持水分、抵抗殺蟲劑，這些小傢伙可不簡單呢！」

「還有呢？還有什麼特別的？」小女孩的興趣來了，「雖然是不簡單，可是昆蟲的生命不是都很短嗎？像蜉蝣，聽說只有一天的生命，也就是所謂的……朝生暮死？」

「哇！成語越來越熟了。但蜉蝣的生命不只一天，牠是變成成蟲之後只活一天；古人只看到成蟲，就以為牠的生命這麼短暫，那些文人就用來感嘆生命……」

「那些文人？你自己不就是文人嗎？」

「在山裡面久了，我已經變成野人，不是文人了。」

小小感慨一下，我還得言歸正傳：「不過一般來講，昆蟲的生命史的確比較短，這樣牠們才可以用更快的速度繁殖啊，妳猜猜一隻蚜蟲一年可以繁殖幾代？」

「一年啊，」小女孩搬起手指頭，認真的算著，「就算牠出生一個月就可以生小孩，一年也只有十二代呀。」

「答錯了，蚜蟲一年可以繁殖五、十、代。」

「蝦密呀！（閩南話：什麼呀！）」她又怪腔怪調了，「那不就只要一個禮拜就可以出生、結婚、生子、死翹翹，這麼短暫的人生，不，蟲生，那又有什麼意義呢？」

「可是牠就算一次只生十個卵，每一個小孩再生十個，妳要不要算一算牠已經有幾隻了？」

「十隻變一百隻，一百變一千，一年變五十代……」小女孩用力搖著小腦袋，眉頭緊皺，「哇！我數學不好、不會算了，反正是很多很多很多……難怪昆蟲是永遠的NO.1！」

「但是昆蟲還有一點最厲害的，妳還沒想到。」

「還有？不會吧？這樣就已經天下無敵了。」瓦幸露出狐疑的眼光，「答案是什麼？不是腦筋急轉彎吧？」

「我才不玩那種……幼、稚的遊戲呢。」我故意這麼糗她，「想想看，一隻昆蟲從小到大長得都一樣嗎？」

「都……不一樣！」她又跳了起來，猛拍自己的腦袋，「我真是豬頭，自己每天都看到，自然課本上也有教，昆蟲有變態嘛！還分成完全變態和不完全變態……」

「豬頭可是妳自己說的。」我指著小女孩的鼻子，做個鬼臉，「不過妳已經很不錯了，很多都市裡的小朋友最多知道這個名詞，卻根本沒見過呢。」

「從卵到幼蟲到蛹再到成蟲，不管是每個階段都得經過的完全變態，或是少一個階段的不完全變態，反正昆蟲的一生是很多種完全不同的樣子；原來牠不只是鐵甲武士，還是變形金剛呢！」

「像這樣變來變去，牠就可以減少活動的時間、節省能量、避免危險，又可以在不同環境中，用不同的型態充分利用不同的資源，可以說是最有效率的動物呢。」

「對啊，我看過蝴蝶的幼蟲，在樹上和在草裡生活的時候，顏色和表面就變得和樹幹、草葉一樣，好神奇哦！牠怎麼知道自己到了不同的地方、又怎麼能變成和周圍的環境一樣呢？」

「因為牠很小，既然誰都打不過，就得想辦法保護自己了。有的是保護色，有的是警戒色，特別鮮豔……」

「我知道！」小女孩搶著說，「很鮮豔的就是告訴別人，我有毒，別吃我，吃了你會糟糕哦，有很多毛毛蟲都是這樣的。」

「到了冬天，牠們甚至可以像冷血動物一樣改變溫度、用休眠的方式活下去呢！」

「真是太太厲害，令我太太太佩服了。」小女孩淘氣的在草地上做出膜拜的樣子。

「既然知道昆蟲是這麼努力的、用盡一切方法來活下去，以後一定要善待所有的昆蟲，知道嗎？」我倚老賣老，擺出一副大人的臉孔，瓦幸卻噗哧一聲笑了。

「是哦，今天是誰說要殺光所有的小黑蚊呀？」

「呃，我……那……」我無話可說，趕忙回頭看看背後的山莊，「天黑了，我們趕快去關燈。」

「你發燒哦？」小女孩過來摸摸我的額頭，「天黑了當然是要開燈，幹嘛還關燈？」

「哎呀！女俠有所不知，昆蟲有趨光性，在這森林裡，晚上如果燈光太亮，就會有很多昆蟲飛來，乒乒乓乓撞死在燈罩上、玻璃上，豈不是太可憐了嗎？」

「嗯，言之有理，好吧。」瓦幸和我一起站了起來，眼前大片的黑暗中，卻亮起了一盞又一盞的小螢光……⑦

未必是大欺小，如果能有昆蟲的機敏、靈活和多變，小也是可以欺大的。

寫一封信給瓦幸

親愛的瓦幸：

妳最近有去看螢火蟲嗎？記得第一次帶妳去看螢火蟲，妳興奮極了，一下說像是滿天的小星星，一下又說像聖誕節的燈泡，其實公的螢火蟲拚命發亮，就是要告訴所有的母螢火蟲：「我很強，我是金頂電池！」最早的時候，手機上有一個綠燈，一閃一閃的，有一次我去賞螢，回來之後竟發現有一隻母螢火蟲（公母怎麼辨別？考妳，答對了有獎哦！提示：幾道光？）趴在我的手機上，牠大概把那個綠燈看成一隻公螢火蟲了，心想這個光又強又亮了整夜的傢伙，一定身強力壯、品種優秀吧？那就跟牠回家好了。

其實昆蟲的兩大定義：一、六隻腳，二、會飛，指的都是成蟲，而不是在「變態」之前的幼蟲。那麼本來在樹上、在草中、在土裡小心翼翼保命的昆蟲，為什麼會忽然長出翅膀來了呢？對了，就是為了求偶。妳想想看：在地上爬呀爬的，又有保護色，又有擬態（就是裝成別的東西，如竹節蟲），又隱蔽得很好，安全是很安全，但這樣慢慢爬，要什麼時候才會碰到異性呢？如果只碰到小貓……我是說小蟲兩、三隻，彼此不能情投意合，那又怎麼結為連理？（這樣說會不會太文雅了？就是交配啦！）所以才要趕快長出翅膀來，飛得高、飛得遠，才有更多機會接觸到異性，才能達到「傳宗接代」的使命呀！

當然如果能像螞蟻或蜜蜂那樣，只有一個女王負責生產，大家全部團結合作保住下一代，也是另外一種好方法。無論如何，一定要多，反正我打不過你，就隨便你殺，殺剩下的還是不少，這就叫做「人海」，不，「蟲海戰術」。所以我有一個演講題目，叫做「跟昆蟲大師學功夫」，下次有機會再講給妳聽。不過既然昆蟲是我的師父，妳又是我的徒弟，下次碰到蜜蜂、蝴蝶甚至蒼蠅、蚊子，妳可要先叫一聲「師祖」哦，哈哈。

註⑦：後來，一邊看著螢火蟲，我們又討論了變成成蟲以後的昆蟲，「變成有翅的成蟲後，大部分昆蟲的主要目的，就是為了生殖，像螢火蟲一閃一閃的，是為了尋找、吸引伴侶，從傍晚五、六點，一直亮到八、九點就差不多了……」

「為什麼？沒電了嗎？」

「喂，那樣一直發光是很辛苦的。像蟬，幾乎不吃不喝，就在短短幾週的生命中，聲嘶力竭的叫著，其實也不是叫，是牠腹部的骨膜收縮……」

「那我知道了，那蟬在叫的一定是我要結婚、我要結婚、我要結婚、我……要……結……婚……」

「怎麼了？沒電了嗎？」

「喂，那樣一直叫是很辛苦的。」

「喂，妳不要學我講話好不好？」

「喂，小孩子不學大人要學誰？」

唉，說的也是。果然未必是大欺小，如果能有昆蟲的機敏、靈活和多變，小也是可以欺大的。

瀑布和陰離子們

「陰離子可以讓人鎮靜、消除疲勞，還能促進睡眠和食欲呢！」

「這麼厲害？難怪我們都到海邊、森林、河流、瀑布這些地方來渡假，只要一到了就身心舒爽嘛！」

有如一條大河從天而降，四散飛濺的白沫，轟隆迴響的水聲，不斷沖刷的岩壁，永遠是那麼壯觀的瀑布景色，泰雅小妹妹瓦幸都看呆了，嘴巴張得大大的，我輕輕拍一下她的後背，她整個人倏地跳了起來。

「討厭！幹嘛嚇我？」她瞪大了眼睛，兩手叉腰，臉上卻仍帶著笑容。

「我想問妳，到底在想什麼？」

「想呀，想這麼多的水到底是哪裡來的？」

「想知道嗎？我帶妳去看。」

「好啊好啊，」小女孩忽然停下來，大眼珠轉呀轉的，指向高聳的岩壁，「這裡又爬不上去，怎麼看呀？」

「傻瓜！有別條路啊。」我拍拍她的頭，轉身就走，她馬上蹦蹦跳跳的跟上來。

不到一小時，我們已坐在剛才瀑布的源頭，原來仍是一條溪流，只不過流到這兒碰到斷崖，就一沖而下成了瀑布。

「好好玩！好像這條河走著走著，忽然就咚的一聲掉下去了！」瓦幸興高采烈的在溪石上跳來跳去。

「所以英文的瀑布叫 Waterfall，就是水掉落下去的意思，很傳神吧？」

「中文說像一大塊沖下來的布，也很傳神啊。」

「沒錯，」我最常嘉許小女孩的方式，就是捏捏她的鼻頭，「但妳知道為什麼會形成這種瀑布的斷崖嗎？」

「哎呀，不就是你常說的什麼板塊隆起，山裡面有這樣高低的落差，剛好有水流過就成為瀑布了。」

「好，這是第一種原因，還有呢？」

「還有啊？會不會兩個地方的石頭品質不一樣，有一塊怕水比較軟，有一塊比較硬，水一直流一直流，流久了比較軟的那一塊就陷下去，就變成瀑布了？」

「答對了！不過石頭要叫材質，不叫品質，還有呢？」

「還有呀？」她皺皺眉頭，歪歪脖子，開始左顧右盼，「咦？你看那隻鳥是不是小剪尾？」

「喂，別轉移目標，還有就是河的支流匯入主流，因為主流的水大，地層下陷得快，也會變成瀑布，就好像……烏來瀑布有沒有？」

「嗯，我知道了，所以前兩種的瀑布可能是一字型的，後面這種就是T字型了，因為有兩條河嘛！」

「真聰明！」我又想去捏瓦幸的鼻子，卻被她一閃身躲掉了，「那為什麼有的瀑布會有時候有、有時候沒有呢？」

「哦，除非是河水乾掉，要不然就是有些瀑布上面沒有河，只有下雨的時候水太多了才會流下來。那有一個很好聽的名字哦，叫做『時雨瀑』，有時的時，下雨的雨。」

「嗯，時雨瀑，聽起來好像很有氣質。」小女孩點點頭，接著又搖搖頭，「對了，我聽說瀑布會有陰離子，那是什麼東東呀？」

「呃……是這樣，妳知道物質是由原子組成的，原子的周圍有電子，它會碰撞空氣分子，產生離子，離子有正的、有負的……」

「喂，這樣講會不會太複雜了？不能簡單一點嗎？」

「呃……不好意思，我是中文系不是物理系的，反正這個負的離子就是陰離子，在瀑布啊溪流啊森林或者海邊都會有、就好像……我們站在瀑布前面，會不會覺得有點溼溼、涼涼的，但這並不是真的有水在身上。」

「嗯，這樣我就有一點點瞭了，但這樣有什麼好呢？」

「好處可大了！如果是含陽離子的空氣，會讓人呼吸急促、脈搏加快、血壓升高、整個人焦躁不安；而陰離子可以讓人鎮靜、消除疲勞，還能促進睡眠和食欲呢！」

「這麼厲害？難怪我們都到海邊、森林、河流、瀑布這些地方來渡假，只要一到了就身心舒爽嘛！」小女孩煞有介事的下結論，卻又有了新疑問，「那到底要有多少陰離子才夠呢？」

「我們人體呀，需要每立方公分一千個陰離子，但是都市的屋子裡只有五十個，」我看見瓦幸張大了嘴巴，「一般街道上也只有一百個，就算是郊外，大概也只有五百個……可是在瀑布這裡，每立方公分可以有一萬到八萬個呢！」

「嘩！這麼多？那我要趕快吸收一下！」瓦幸對著瀑布張開雙臂，又回頭對我一笑，「難怪我常看到有人在瀑布前面練功、打坐，原來不是沒有道理的。」

「是啊，像中國古人也許不懂什麼陰離子，可是也會在自家庭院裡做個假山、瀑布什麼的，也有同樣的作用。」

「那我亞訶在家裡放一顆會一直在水上滾動的球，也可以產生陰離子囉？」

「多少吧？只要是流動的水都會有類似的效果。」

「哦，我還以為在家裡放水是為了招財呢！」

「也是啊，身體變好了，做事不就容易成功、就可以順利賺到錢了嗎？」

「嗯，那常常來吸收這個有益健康的陰離子，就不用吃什麼維他命ＡＢＣＤ了嘛！」

「沒錯！」這次我眼明手快，捏到了小女孩的鼻子，「有人就把陰離子叫做空氣的維他命，可以淨化血液、活化細胞、增強抵抗力，連ＳＡＲＳ和Ｈ１Ｎ１都不怕！」

「對啊，那時候ＳＡＲＳ在流行的時候，都市人都怕得要死，我們族人在山裡面卻一點感覺也沒有，還想說你們天天戴著口罩，不會很悶熱嗎？」

「所以呀，現代人只會拚命吃藥、吃補品、吃健康食品，其實只要常到山上來，既有芬多精又有陰離子，每天再喘氣流汗活動筋骨，根本就什麼病都沒有了！」

「嗯，你可以哦。」瓦幸忽然斜眼看著我。

「可以什麼？」

「可以成仙了！」她跳了起來，退後一步。

「成什麼仙？」我虎視眈眈，向前進逼。

「山加一個人就是仙，你一天到晚賴在山裡，成了一個山人，不也就成仙了嗎？」

「是哦？」聽起來還滿順耳的，我停下腳步，「那我……是個什麼仙呢？」

「是……身上沒洗乾淨，生仙（閩南話：長蘚）的仙！」小女孩說完，一蹬一蹬的從溪間的石頭上跳走了，只留下一聲聲開懷的大笑。

瀑布仍然轟轟的響著，好像在應和著我們的歡聲笑語。

寫一封信給瓦幸

親愛的瓦幸：

有一個問題我一直沒有回答妳，那就是我們剛認識時，你曾經問我：「你為什麼到山裡面來呢？」

我一直沒有清楚的告訴妳：我是因為在社會上做錯了事情，遭到很多人的指責、批評與攻訐，覺得好像「人」都不喜歡我，那我就到一個沒有「人」的地方去好了。山裡面人很少，只有植物跟動物，植物不會講話，所以不會批評我；動物嘛，比起我來牠們可能更亂來、更隨便，所以也不會批評我。所以我就躲到山裡面來了，沒想到山卻是一座寶庫哩！

森林三寶：純氧、芬多精和負離子就不用說了，這對身體一定是好的，而且山裡大部分地方都沒有車，去哪裡都要走路，對身體也是好的；山裡面沒有山珍海味，吃的都是最自然、沒有汙染的食物，當然也對身體好；而山上沒有夜生活，大家早睡早起，這不也是很健康的嗎？

而且還不止是生理方面，在精神方面有更多好處。山裡很寧靜，沒有嘈雜的噪音；山居生活很單純，沒有繁雜的瑣事；在山上可以什麼都不做，是完全沒有壓力的生活；也可以去探索、學習自然界的種種知識，日子又過得豐富多彩；而山上人少，人際關係單純，也不必為此煩惱費心。妳聽過一首王維的詩叫做「行到水窮處，坐看雲起時」嗎？我就是在人生碰壁、無路可走的時候，有緣入山，讓自己的心境提升，即使不會像雲那樣飛起來，但心情卻可以跟著雲朵上天遨遊，再也不受任何拘束了。

所以妳看都是哪些人到山上來呢？除了原來住在這裡的居民，除了蜻蜓點水的遊客，還有誰會到山上來？事業失敗的，來了；感情創傷的，來了；身體不適的，來了；心情不好的，來了——原來山是「心靈療癒系」的，而已經遠離了自然、在社會中掙扎打滾的我們，卻仍本能的知道：自然是我們來的地方，也是我們終將去的地方，是起點，也是歸宿。

跟妳說這些會不會太深了？但我想妳已經長大了，就像妳的兄弟姊妹或是同學朋友，在山裡時雖然常常喊著「好無聊」，但下山進城後不久，是不是又會喊著「不習慣」？總有一天，他們還是會回到山上來的，因為他們知道，山才是故鄉，山才是自己的家。多羨慕妳啊，山的孩子。

蝴蝶與花的邂逅

我覺得蝴蝶是花的靈魂耶。每一朵花死了以後，就變成一隻蝴蝶，回來陪伴那些還活著的花，所以蝴蝶和花，總是在一起的。

「哇！好多美麗的蝴蝶哦！」

這一次我們不是走在步道，而是走在大屯山的車道上，但這裡卻是有名的「蝴蝶花廊」，行人稀少，不見車輛，許多蝴蝶在道路兩旁翩翩起舞，泰雅小妹妹瓦幸左右穿梭，輕快活潑的身影也像極了一隻蝴蝶。

「追」蝴蝶追了半晌，我們停在可遠眺山巒和海峽的涼亭裡，我看見小女孩的兩眼發亮，知道一定又有一大堆的問題，如同遍野蝴蝶般一隻隻飛來。

「為什麼那些蝴蝶都亂飛亂飛的？」

「什麼亂飛？妳自己不會飛，就說人家亂飛。」我故意逗她。

「是亂飛呀，你看小鳥都是直直飛，頂多也是像波浪那樣上下飛，哪有像蝴蝶這樣東倒西歪、忽前忽後、一點規則也沒有，這不是亂飛嗎？」她張開雙手學著蝴蝶前後左右亂飛的樣子，像個小醉漢般逗趣。

「是不太規律啦，可那是為了保命啊，為了怕被小鳥攻擊，牠當然不能乖乖的直飛，那不是咻一下就被逮住了嗎？」

「對厚，你這麼說我也想到了，小鳥像波浪狀的飛，也是怕大鳥攻擊牠，不然大家幹嘛那麼累？」

「沒錯，妳懂得舉一反三，真是個聰明的孩子。」

「沒有啦，你無甘嫌（閩南話：不嫌棄）啦。那還有，蝴蝶正面的翅膀花色都比較明豔，背面比較淡，可是牠每次停下來，都是闔上翅膀露出背面，害我很難認出牠是哪一種蝶耶！」

「對啊，就好像妳碰到一個人，他馬上把臉遮起來，」我作勢遮住臉龐，「那妳當然認不得他了，為什麼？」

「我知道了！比較黯淡的一面當然比較看不清楚，就不容易被人發現了。」瓦幸正得意著，眉頭又皺了起來，「也不對呀，像這個傢伙，」她指著停在澤蘭上的青斑蝶，「牠這麼鮮豔，而且是兩面都鮮豔哦，又飛得很慢，難道就不怕敵人嗎？」

「說的是呀。」我總要不斷在心中讚嘆小女孩敏銳的觀察力，「那麼鮮、豔，又飛那麼、慢，為什麼？」

「我知道了！」瓦幸倏地跳了起來，驚起旁邊花叢裡的幾隻蝴蝶，「牠有毒對不對？牠不怕人家吃牠！」

「沒錯，而且牠還有一招哦。」我伸手去抓，還真不太容易，試了幾回，總算「拈」住一隻青斑蝶，牠卻動也不動。

「哎呀！你把牠弄死了啦！你幹嘛抓牠？」小女孩著急的叫了起來，正要趨前查看，我放鬆了手指，青斑蝶卻忽然「活」了起來，翩翩飛走了。

「哈！原來牠在裝死，好吧，算你厲害。」

「瓦幸！妳看牠們在幹嘛！」我指給她看旁邊兩隻互相環繞著往上飛的小白蝶。

「那……一定是在談戀愛，就是求偶啦。」

「不是咧，那妳有時候會看到三隻一起這樣飛，難道是在3P嗎？牠們是在搶地盤呢！」

「是哦，」小女孩好奇的跟著兩隻「糾纏」的小白蝶，不久又折了回來，「那邊地上停著好幾隻蝴蝶，而且地上溼溼的，牠們是不是在喝水呀？」

「有可能是喝水，也有可能是喝……尿！」

「哎呀！馬罵你噁心死了！」小女孩誇張的捏住鼻子，「人家長那麼美，卻說人家喝尿，臭死了！」

「真的啊，」這下我的表情可得認真點了，「動物都需要水，也需要礦物質，對蝴蝶來說，最容易得到這兩種東西的方式，不就是喝其他動物的尿嗎？」

「可……可是還是有點噁心耶。」

「那是從我們人類角度來看，對動物來說，不管是尿啊糞啊，只要有養分可以吸收，臭一點也無所謂啦！」

「也對啦，」小女孩抿唇沉思了一會，終於展顏而笑，「要是世界上沒有糞金龜，可能所有的草都被動物的大便埋掉了，蝴蝶吃尿也算是一種資源回收吧？」

我被瓦幸有趣的比喻給逗笑了，「對啊，生活都是很艱苦的，為了活下去，要隱蔽，要亂飛，要裝死，還有一種枯葉蝶妳看過吧……」

「有有有！好像哦！完全看不出牠不是葉子！」

「還有這隻，妳看。」我指著旁邊一隻剛巧飛過的蛇目蝶，「為什麼牠的翅膀上有一對大眼睛呢？」

「我知道！」小女孩像小學生在教室回答問題般高舉右手，「是為了嚇別的動物，以為牠是眼睛很大的蛇，就不會吃牠了！」

蝴蝶在花間飛舞，

也許就是想再看看自己前世的樣子呢！

「答對了，但是妳看這隻，」我帶著小女孩跟了半天，才看清一隻小灰蝶的翅膀上，下面也有小小的眼睛圖樣，「妳看牠的眼睛那麼小，鳥兒看了也不會誤以為是蛇，也不會怕牠，那牠長這雙眼睛有什麼用？」

「因為……」瓦幸咬著自己的手指頭，搖頭晃腦，「如果小鳥看見這對眼睛，那麼小，如果不是蛇，以為是別的蟲，就啄下去，一啄，翅膀的下面被啄掉了，小灰蝶就飛走了，哈哈！牠沒死！」小女孩高興的又跳了起來，為自己想出了答案而雀躍奔跑著。

「對啊，所以妳下次如果看到下面翅膀缺了一小塊的小灰蝶，記得要對牠好一點，人家可是剛剛死裡逃生呢！」

「可是對蝴蝶，我很矛盾耶。」經過一陣子的「激動」，瓦幸平靜下來，又語出驚人的說。

「矛盾什麼？妳不是很愛蝴蝶嗎？」

「是很愛啦！」她又不小心露出那種「哎呀，你不懂啦」的表情，「我每次看到有植物的葉子被啃成一個洞一個洞的，就覺得它們好可憐、替它們難過；可我知道這是蝴蝶的幼蟲啃的，以後這裡會有一大群蝴蝶，又覺得好高興，我到底應該高興還是難過呢？」她學電視劇女主角雙手捧心，「唉，我的心好亂……」

我笑得差點從山崖上掉了下去，「妳還真會演呢！哈哈哈！」小女孩自己也忍不住笑場了，「其實大自然就是這樣，雖然蝴蝶的幼蟲吃了一些植物的葉子，但是牠們化蛹長大之後，幫很多植物傳播花粉，讓它們能長得更多更好，也算是將功折罪嘛！小姐妳就別再難過了。」

「好吧，我不難過就是，」她顯然還沒演夠，「但是阿福你說，為什麼蝴蝶的嘴巴，長得像一根長長的吸管呢？」

「姑娘有所不知，妳看！」我指給她看路邊野花那枝小小的「距」，「如果沒有那隻吸管，又如何吸得到這裡面的花蜜、順便幫這朵花傳播花粉呢？」看著小女孩滿足卻又有些詭異的笑容，我恍然大悟，「妳剛才叫我什麼？阿福？那我豈不是你的家丁？」

我作勢要打她，她卻已飛竄到車道上，伸開雙手，像一隻蝴蝶般，在花叢中左右翱翔，在她身邊，仍然有一隻又一隻飛著的美麗蝴蝶，好像在圍繞著牠們的公主。

小女孩玩夠了，跑回我身邊，喝口水，擦擦汗，忽然眼神專注的看著我，「我覺得蝴蝶是花的靈魂耶。」

我驚訝無語，聽她繼續說，「花那麼美，蝴蝶也那麼美，每一朵花死了以後，就變成一隻蝴蝶，回來陪伴那些還活著的花，所以蝴蝶和花，總是在一起的。」

「嗯，蝴蝶在花間飛舞，也許就是想再看看自己前世的樣子呢！」歡樂的氣氛忽然沉靜了下來，天色也暗了下來，小女孩清亮的眸子裡有我，也有夕陽金黃色的餘暉……

生命在死亡處發生

「死亡並不可怕，它其實是更多新生命的開始，對不對？」

「死掉的人只是身體沒有了，但是又出生了更多新的身體，不管是不是同一個身體，只要世界上還有這一種身體，生命就沒有結束……」

「阿姑你好。」走在檜山的巨木步道上，泰雅小妹妹瓦幸每隔不久，就對著杳無人煙的森林打個招呼，難道這又是他們族裡流傳下來的習俗嗎？但她用的卻是閩南話的「阿姑」，難道……

伶俐的她看出了我眼中的疑惑，指了指路旁的一段枯木，上面是一排排淺黃色的真菌，「是這個啦，反正香菇草菇杏鮑菇，我又不認識每一種菇，就通通尊稱它們『阿菇』啦。」

我被小女孩的天真給逗笑了，「是不錯，可是也不只是菇哦，像木耳、像靈芝，也都是它們一掛的，正確的名稱應該是真菌類。」

「真、菌，那它們是動物還是植物？」

「呃……這個問題很複雜。」

「哈哈！我知道了！每次我問你，你如果說這個問題很好，就是你很會回答、會說上一大堆；你現在卻說這個問題很複雜，那就表示你不會對不對？對不對？」

她圓圓的笑臉都快逼到我面前來了，簡直招架不住，「不是不會，是有不同說法，有人認為是植物，有人認為根本應該在植物、動物之外再加上另一類，就是這個真菌啦。」

「是哦？它長在那邊都不動，明明就是植物，幹嘛要自成一類呀？」

「表面上不會動，但我們看到的只是它的生殖體，它在地底下的菌絲卻會動，會分解岩石、落葉、木頭、還有動物的屍體……」

「哇！好可怕！」瓦幸做了個鬼臉，證明她一點也不怕，「不過我有注意到，通常都是已經爛掉的木頭比較容易長出阿菇，像我們部落以前種香菇也是……」

「對啊，真菌可以說是大地的清道夫，妳想想看，如果那些死掉的木頭沒有真菌來把它們分解的話，森林裡不到處都是樹木的屍體，再也沒有空間長新的植物了？」

「是哦，可是我覺得它比較像……死神的使者。」

「怎麼說？」我頗訝異瓦幸這特殊的想法。

「就是……你看啊……」她倒有點支支吾吾了，「就是植物一死了，那阿菇、真菌就來了，當我們在森林裡看到它，不就說明了死亡在悄悄發生……」

「嗯，說得好……」我由衷的稱讚，「不只是植物，動物的屍體也會長出真菌，像有的蟲子在冬天死了，在春天長出真菌來，以前的人不懂，就叫它……」

「冬蟲夏草！對不對？」小女孩的大眼睛又發亮了，「聽說那是很貴的藥材呢！還有靈芝也是。咦？這些從死掉的東西長出來的傢伙，好像都很有營養喔？」

「對啊，可以說是它們把死者的養分又重新回收了，它們不只是清道夫，還是很好的資源回收者，你知道，大自然……」

「是從來不會浪費的！」瓦幸接我的話越發熟練了，「所以如果我們看到森林裡一棵大樹倒下了，其實不必難過對不對？」

「哦？為什麼？」我倒想聽聽小女孩對生死大事的看法。

「就像這棵倒下的大樹啊，」她躍起身子，坐在一段長滿了草類、蕨類、苔蘚和一棵小樹的倒木上，「它雖然死了，卻供應養分給這麼多的生命，就好像我們泰雅的祖先都不在了，但是我們卻一代一代的活下去……」

「可是活的是別人，並不是它自己的小孩……」我故意這麼說，想看她還有什麼令人驚奇的想法。

「都一樣啊！而且它倒下去了，讓出了一大塊地方，有更多的樹能照到陽光、占到土地，大家都可以長得更好。大樹死的時候也許會嘆氣，但是其他的人，我是說植物，可都是鼓掌歡呼呢！」

我怔怔看著小女孩，久久不語，「怎麼了？我臉上有什麼東西嗎？」她有點不安的摸摸自己的臉。

「所以妳是說，死亡並不可怕，」我察覺自己的聲音出奇溫柔，「它其實是更多新生命的開始，對不對？」

「我的尤大史是這樣講的啊，他說死掉的人只是身體沒有了，但是又出生了更多新的身體，不管是不是同一個身體，只要世界上還有這一種身體，生命就沒有結束……」

我們兩人都靜默了下來，不知是在思考這深沉無比的問題，還是覺得這個討論無以為繼，正要站起身來，忽然看見一隻竹雞跌跌撞撞的往草叢跑去。

「啊！牠受傷了，」小女孩一臉的焦急與同情，「要不要去救牠呀？」

「不……」我一時又改變了主意，「好吧，我們跟著牠看看，不要走太近。」

果然那竹雞雖然步履蹣跚，卻始終保持在我們前面幾步，走了一小段路之後，「啪！啪！啪！」牠忽然鼓起翅膀，頭也不回的往森林深處飛去，留下一臉錯愕的小女孩。

「牠……沒有受傷，牠……騙我們的？」

「不是存心騙我們的，一定是我們不小心走得離牠的窩太近了，牠怕我們傷害小竹雞，就假裝受傷，把我們引開，其實很多鳥類或是小動物都會這麼做呢。」

「那如果我們是獵人，一槍就把自己跑出來的牠給殺了呢？」

「那也沒辦法，可是所有的母親都會為了孩子這麼做。對牠們來說，延續下去的新一代生命，比自己的生命還重要。」

「嗯，這樣一想，死亡就不可怕了。」小女孩用力的點了點頭，又轉身對著路旁一鞠躬，「阿菇再見，謝謝你啦。」

「謝謝它什麼呀？」我邊走邊問瓦幸。

「謝謝它把死亡變成新的生命呀！嗯，這倒是很符合一句成語耶。」

「哦？什麼成語？」

「就是……死去活來！」

「不對，死去活來不是這……」

「我知道啦！」看我著急的樣子，小女孩笑得前俯後仰，「鬧你的啦！國文老師。」

「丟咕！丟咕！」草叢中的深山竹雞似乎也在附和她的笑聲，嘹亮的叫響了。

死亡並不可怕，它其實是更多新生命的開始……

苦苓作品集④

苦苓與瓦幸的魔法森林　增訂新版

作　　者—苦　苓
主　　編—陳信宏
責任編輯—葉靜倫
責任企畫—曾睦涵
美術設計—耶麗米工作室

總 編 輯—李采洪
董 事 長—趙政岷
出 版 者—時報文化出版企業股份有限公司
一〇八〇一九　臺北市和平西路三段二四〇號六樓
發行專線—（〇二）二三〇六—六八四二
讀者服務專線—〇八〇〇—二三一—七〇五
（〇二）二三〇四—七一〇三
讀者服務傳真—（〇二）二三〇四—六八五八
郵撥—一九三四四七二四時報文化出版公司
信箱—一〇八九九臺北華江橋郵局第九九信箱

時報悅讀網—http://www.readingtimes.com.tw
讀者服務信箱—newlife@readingtimes.com.tw
時報愛讀者粉絲團—http://www.facebook.com/readingtimes.2
法律顧問—理律法律事務所　陳長文律師、李念祖律師
印　　刷—和楹印刷有限公司
初版一刷—二〇一五年二月六日
初版七刷—二〇二二年一月十二日
定　　價—新台幣三二〇元

時報文化出版公司成立於一九七五年，
並於一九九九年股票上櫃公開發行，於二〇〇八年脫離中時集團非屬旺中，
以「尊重智慧與創意的文化事業」為信念。

苦苓與瓦幸的魔法森林　增訂新版／苦苓　著
初版. – 臺北市：時報文化，2015.2
面；　公分（苦苓作品集04）

ISBN 978-957-13-6196-3（平裝）

1. 科學　2. 通俗作品

307.9　　　　　　　　　　　　　　104000995

ISBN 978-957-13-6196-3
Printed in Taiwan